认识沙漠化

RENSHI SHAMOHUA

常兆丰 李 亚 著

甘肃科学技术出版社

图书在版编目（CIP）数据

认识沙漠化 / 常兆丰，李亚著． -- 兰州：甘肃科学技术出版社，2016.5（2023.8重印）
ISBN 978-7-5424-2322-1

Ⅰ．①认… Ⅱ．①常… ②李… Ⅲ.①沙漠化—防治—普及读物 Ⅳ.①P941.73-49

中国版本图书馆CIP数据核字(2016)第094335号

认识沙漠化

常兆丰 李 亚 著

责任编辑 张 荣 李叶维
封面设计 张小乐

出 版 甘肃科学技术出版社
社 址 兰州市城关区曹家巷1号 730030
电 话 0931-2131576(编辑部) 0931-8773237(发行部)

发 行 甘肃科学技术出版社 印 刷 三河市嵩川印刷有限公司
开 本 710mm×1020mm 1/16 印 张 9.5 插 页 1 字 数 160千
版 次 2016年5月第1版
印 次 2023年8月第2次印刷
印 数 1001~3500
书 号 ISBN 978-7-5424-2322-1 定 价 39.00元

前　言

　　科学普及简称科普，又称为大众科学或者普及科学，是指利用各种传媒以浅显的，让公众易于理解、接受和参与的方式向普通大众介绍自然科学和社会科学知识、推广科学技术的应用、倡导科学方法、传播科学思想、弘扬科学精神的活动。

　　新中国成立以来，中国政府对科普工作一直非常重视。在新中国建立初期，就在中央人民政府文化部设立了科学技术普及局，负责领导和管理全国的科普工作。其后，在各部门、地方都设立了专门的科普管理机构。政府投入了大量资金建立了一批国家级科普场馆。从中央政府到地方政府，都设有科普专项经费，以支持科普活动。中国的科普经费主要以政府拨款为主。1996 年 4 月成立了以科技部为组长单位，中央宣传部、中国科协为副组长单位的国家科普工作联席会议制度，成员单位由党中央、国务院和群众团体中有关科普工作的部门组成。随后，中国各地也相应地建立了地方科普联席会议制度，这对于有效动员各种力量开展科普工作提供了制度上的保证。2002 年 6 月我国颁布《中华人民共和国科学技术普及法》。

　　1992 年联合国环境与发展大会对荒漠化的概念作了这样的定义：荒漠化是由于气候变化和人类不合理的经济活动等因素，使干旱、半干旱和具有干旱灾害的半湿润地区的土地发生了退化。1996 年 6 月 17 日第二个世界防治荒漠化和干旱日，联合国防治荒漠化公约秘书处发表公报指出：当前世界荒漠化现象仍在加剧。全球现有 12 亿多人受到荒漠化的直接威胁，其中有 1.35 亿人在短期内有失去土地的危险。到 1996 年为止，全球荒漠化的土地已达到 $3600 \times 10^4 km^2$，占到整个地球陆地面积的四分之一，全世界受荒漠化影响的国家有 100 多个。到 20 世纪末，全球将损失约三分之一的耕地。在人类当今诸多的环境问题中，荒漠化是最为严重的灾难之一。

　　荒漠化包括土地沙漠化，石漠化和土壤盐渍化等等。其中，沙漠化也称沙质荒漠化，是荒漠化最主要的表现形式。中国是世界上荒漠化严重的国家之一。全国第四次荒漠化和沙化监测结果显示：截至 2009 年底，我国荒漠化土地面积为 $262.37×10^4 km^2$，沙化土地面积为 $173.11×10^4 km^2$。与 2004年相比，5 年间荒漠化土地的面积净减少 12454 km^2，年均减少 2491 km^2。沙化土地面积净减少 $8587 km^2$，年均减少 1717 km^2。沙漠化防治的任务十分艰巨。

荒漠化/沙漠化发生、发展的原因，一方面是自然因素，另一方面是人为因素。目前，我们能做到的主要是控制沙漠化的人为因素。

荒漠化/沙漠化的人为因素主要表现为两个方面：一是人口增加，对资源的需求量即掠夺量增大；二是活动不当，主要表现在过度开垦、过度开采和过度放牧。尤其是水资源的过度开采，加剧了沙漠化的发展。

沙漠化防治，重在保护，重在减少掠夺和人为干预。保护沙区生态环境需要全社会的广泛参与。正如国家林业局防治荒漠化管理中心副主任王信建在"2007 中国治理荒漠化上海高峰论坛"上指出的那样：只有通过发动群众，动员社会力量广泛参与到防沙治沙事业中，尤其是发挥沙区主力军——农民的积极性，中国防治土地荒漠化和沙化的努力才能取得更大成果。从这个意义上说，沙漠化防治科普要比沙漠化防治科研更为重要。

不论你是不是生活在沙区，不论你是否见过沙漠或沙尘暴，沙漠化的发展将危及我们每一个人。正如作者曾在《甘肃日报》上发表过的一篇文章的题目所称："沙尘暴与你也有关"！沙漠化与我们每个人都息息相关。改造自然首先需要认识自然，防治沙漠化首先需要认识沙漠化。正是出于这个原因，作者才撰写了这本沙漠化防治科普读物。

本书包括沙漠的基本概念、沙漠化的因果关系及其相关问题以及沙漠化防治三个方面介绍是有关沙漠化的常识，分属于包括认识、探讨和措施三部分。希望能帮助更多的人认识沙漠化并参与沙漠化防治与沙区生态环境保护，使得沙漠化防治成为全体社会成员关注并积极参与的活动。

本书是在业余时间完成的，也是作者第一次写作科普读物。由于时间仓促，书中肯定有不少错误，敬请读者批评指正。

编者

2016.1.10

目 录

第一部分 认 识

第二部分　探　讨

第三部分　措　施

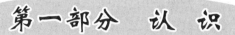

第一部分 认 识

☞ 沙漠的形成

关于沙漠的形成，有一种说法是来自巨大陨石引起的海洋巨浪：即巨大陨石坠落到海洋后，海洋巨浪冲击波动破碎疏松的地层面，浪击石破，石碎磨沙，沙浮浪中，波浪传送，将细沙输送到远方，海浪中的细沙停留在巨浪水头的缓流区，待到沙落水退后而形成了沙漠（如非洲的撒哈拉大沙漠等）。

另外，据说澳大利亚岛内大沙沙漠，是由于巨大陨石撞击地球引起地球震动地层破碎，巨大陨石坠落到海洋里，冲激起来的冲天巨浪，冲向四方。受四周回旋而来的多次海水浪体的冲刷，多次冲击波动破碎的地层，浪击石碎，磨石成沙，由东来西去的急流海洋巨浪，使岛内的细沙由海浪浮载，急流波浪递送到了印度洋海域内，因此澳大利亚岛内中间区，自然就形成了大沙沙漠了（澳大利亚科学家在澳中部地区发现了宽达 400km 的巨大陨石坑）。

虽然不同沙漠形成的因素略有不同，但沙漠的形成不外乎这样几个条件：

1)沙物质的来源——岩石，包括陨石。

2)岩石破碎的外力——地壳震动、水蚀、风蚀、冻裂、摩擦，即通过这几种力将岩石由大到小，逐级变碎成沙。

3)搬运动力——水力、风力，即凭借径流、河流或风力将碎石、沙粒逐级搬运，聚积到河流下流、盆地或其他地段。

认识沙漠化

4)气候条件——干旱、蒸发量大。地球上南北纬 15°~35°之间是信风带,气压较高,天气稳定,雨量较少,空气干燥,是容易形成沙漠的场所。

以腾格里沙漠为例,南部为祁连山及其东段乌鞘岭,西为龙首山,北及西北为雅布赖山,东为贺兰山,四面山体环绕,且大部分山体岩石裸露,水蚀、风蚀、冻裂各种因素共存,雨水将山体风化碎裂岩石带入河道,河流经逐级搬运将较细的沙子带到下游盆地。

民勤县位于腾格里沙漠西部(下图)。冯绳武教授通过对民勤盆地北部独青山、盆地中部苏武山和狼刨泉山的地层资料研究,证明民勤盆地从白垩纪已形成内陆盆地,其范围大致界于半个山至独青山再到长沙岭之间,当时的莱伏山、苏武山可能为湖中半岛或岛屿。后来,由于气候逐渐趋暖,上游祁连山雪线上升,冰川和积雪储量逐渐减少,出山口径流量逐年递减,蒸发强烈。尤其是从西汉以来农业开发强度不断扩大,截流灌溉,下流水域面积减小,泥沙出露,渐渐沦为沙漠。有学者通过取样测定,在腾格里沙漠西北民勤北部土层中保存有祁连山特有的植物种子。

我国的沙漠面积超过了 $70×10^4 km^2$,其中 90%以上分布在内蒙古、宁夏、甘肃、新疆等省区。地球上的第一大沙漠为非洲撒哈拉大沙漠,面积达 $800×10^4 km^2$。我国的沙化土地有 $173.97×10^4 km^2$,占国土面积的 18.12%。

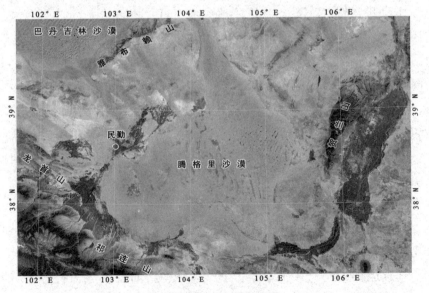

图 1 腾格里沙漠位置图

☞ 中国八大沙漠、四大沙地

中国是世界上沙漠比较广泛的国家之一,沙漠总面积约 $130×10^4km^2$,约占国土面积的 13%,其中包括八大沙漠、四大沙地(下图)。

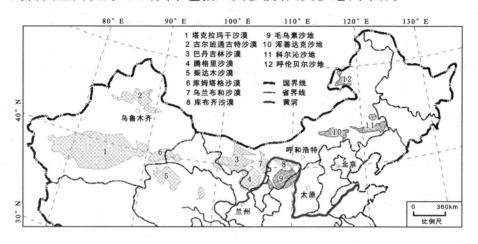

图 2 中国八大沙漠、四大沙地分布图

八大沙漠

一、塔克拉玛干沙漠:分布于新疆塔里木盆地,面积 $32.6×10^4km^2$,是我国的第一大沙漠,也是世界第二大沙漠,仅次于非洲撒哈拉大沙漠,是全世界第二大流动沙漠。沙漠中心是典型大陆性气候,风沙强烈,温度变化大,全年降水少。这儿风沙活动频繁,沙丘形态奇特,最高达256m。最奇妙的是两座红白分明的沙丘,名圣墓山。山顶经风蚀而形成"大蘑菇"。由于地壳的升降运动,红砂岩和白石膏构成的沉积岩露出地面,形成红白鲜明的景观。沙漠四周,沿叶尔羌河、塔里木河、和田河和车尔臣河两岸,生长发育着密集的胡杨林和怪柳灌木,形成"沙海绿岛"。特别是纵贯沙漠的和阗河两岸,生长芦苇、胡杨等多种沙生野草,构成了沙漠中的"绿色走廊","走廊"内流水潺潺,绿洲相连。林带中住着野兔、小鸟等动物,亦为"死亡之海"增添了一点生机。科学考察还发现沙漠中地下水储存量丰富,且利于开发。有水就有生命,科学考察推翻了"生命禁区论"。浩翰沙漠中,迄今发现的古城遗址无数,尼雅遗址曾出土东汉时期的印花棉布和刺绣。

二、古尔班通古特沙漠：中国第二大沙漠。位于准噶尔盆地的中央，面积 $4.88×10^4km^2$。由 4 片沙漠组成，西部为索布古尔布格莱沙漠，东部为霍景涅里辛沙漠，中部为德佐索腾艾里松沙漠，其北为阔布北——阿克库姆沙漠。准噶尔盆地属温带干旱荒漠。年降水量 70~150 mm，冬季有积雪。降水春季和初夏略多，年中分配较均匀。沙漠内部绝大部分为固定和半固定沙丘，其面积占整个沙漠面积 97%，形成中国面积最大的固定、半固定沙漠。固定沙丘上植被覆盖度 40%~50%，半固定沙丘达 15%~25%，为优良的冬季牧场。沙漠内植物种类较丰富，可达百余种。植物区系成分处于中亚向亚洲中部荒漠的过渡。在沙漠的中部和北部，沙垄的排列大致呈南北走向，沙漠东南部成西北——东南走向。在沙漠的西南部分布着沙垄——蜂窝状沙丘和蜂窝状沙丘，南部出现有少数高大的复合型沙垄。流动沙丘集中在沙漠东部，多属新月形沙丘和沙丘链。沙漠西部的若干风口附近，风蚀地貌异常发育，其中以乌尔禾的"风城"最著名。

三、巴丹吉林沙漠：位于内蒙古自治区阿拉善右旗北部，东西长约270km，南北宽约 220km，面积 $4.7×10^4km^2$，是我国第三沙漠，其西北部还有 $1×10^4km^2$ 多的地域至今尚无人类的足迹。是世界唯一高大沙山群分布密集的沙漠，一般海拔高度在 1200~1700m，沙山相对高度可达500m，为世界沙漠之最，被称为"沙漠珠朗玛峰"。

四、腾格里沙漠：位于阿拉善盟阿拉善左旗西南部和甘肃省中部，东抵贺兰山，南越长城，西至雅布赖山。腾格里为蒙古语，意思是象天一样浩渺无际。腾格里沙漠海拔 1200m，总面积 $3.67×10^4km^2$。沙漠上沙丘、湖盆、山地、残丘及平地相互交错，其中沙丘占 70%以上，多为新月形沙丘链，高 10~30m，常向东南移动。腾格里沙漠还有大小湖盆 400 多个，多为淡水湖，可供人畜饮用，周围植物生长茂盛，为主要牧场，适合于开展沙漠探险、观光等旅游活动项目。

五、柴达木沙漠：面积为 $3.49×10^4km^2$，在青海柴达木盆地中，以流动沙丘为主。其分布比较零散，多与戈壁相间，多新月形沙丘，高 5~10m，少数高 20~50m。

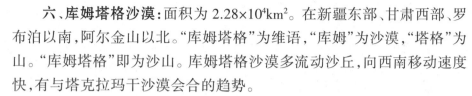

六、**库姆塔格沙漠**：面积为 2.28×10⁴km²。在新疆东部、甘肃西部、罗布泊以南，阿尔金山以北。"库姆塔格"为维语，"库姆"为沙漠，"塔格"为山。"库姆塔格"即为沙山。库姆塔格沙漠多流动沙丘，向西南移动速度快，有与塔克拉玛干沙漠会合的趋势。

七、**乌兰布和沙漠**：位于内蒙古西部、宁夏东部、黄河西岸的乌兰布和沙漠，横跨阿拉善盟和巴彦淖尔盟，面积为 1.4×10⁴km²，历史上曾是"人民炽盛、牛马布野"、"将军塞外游，杏花撒满头"的绿荫冉冉的富庶草原。现在的土地类型由沙丘、沙荒地、耕地和小片草原组成。这里的沙丘形态异彩纷呈：堆状沙丘分布在敖包图、敖包鲁格、吉兰泰地区；垄岗沙丘分布在白云敖包；格状新月形沙丘分布在契里盖、傲伦布鲁格、敖包图；新月形沙丘分布在哈腾套海一带。位于内蒙古乌海地区的乌兰布和沙漠部分与黄河漠水相连，每当夕阳西下，麟波闪闪，"长河落日"、"大漠孤烟"，构成一幅瑰丽多姿的塞上风景画。

八、**库布齐沙漠**：位于鄂尔多斯高原北部的内蒙古自治区伊克昭盟的杭锦旗、达拉特旗和准格尔旗的部分地区，长 400km，宽 50km，面积约 1.45×10⁴km²，沙丘高 10~60m，像一条黄龙横卧在鄂尔多斯高原北部。库布齐沙漠是距北京最近的沙漠。令京城人谈之色变的今春沙尘暴的源头之一就是库布齐沙漠。

四大沙地

一、**毛乌素沙地**：在鄂尔多斯南部，面积为 3.21×10⁴km²，以固定半固定沙丘为主，多新月型沙丘，高 5~10m，个别的高 10~20m。

二、**浑善达克沙地**：在内蒙古锡林郭勒草原南部，面积为 2.14×10⁴km²，清代称伊哈雅鲁沙地，是指大榆树而言。以固定半固定沙丘为主，其南部多伦县流沙移动较快，故又称小腾格里沙地。

三、**科尔沁沙地**：在西辽河流域，面积为4.23×10⁴km²，以固定半固定沙丘为主，高 10~20m，最高达 50m。库仑旗流动沙丘特别高大，蒙族称作"塔敏查干"，意为魔鬼居住的地方。

四、**呼伦贝尔沙地**：在呼伦贝尔西南部，面积 0.72×10⁴km²，多固定半固定沙丘，高 5~15m，以满洲里至海拉尔铁路沿线最为典型。

 **中国治沙史**

　　我国的沙漠科学研究开始较晚，1944 年法国传教士格龙支来我国进行沙漠考察，直到 1926 年才有我国学者冯景兰等人关于沙漠研究的文章发表，而我国真正的荒漠生态研究开始于 20 世纪 50 年代末中国科学院治沙队的大规模沙漠考察和在西北及内蒙古建立的 6 个治沙综合试验站。

　　1955 年，中国科学院成立了黄河中游水土保持综合考察队。1956 年，黄河综合考察队兵分两路（两个分队）进行考察，其中陕北分队考察了榆林、绥德、三边及宁夏的盐池、同心等地区，初步认识到这些地区的沙漠化危害和水土流失一样严重，同时认识到风蚀和水蚀是两种不同的土壤侵蚀现象。鉴于此，1957 年黄河考察队在内部组建了固沙分队，并在宁夏沙坡头铁路沿线进行治沙规划。固沙分队组建后在内蒙古、陕北、宁夏一带考察时，向内蒙古党委作了汇报，内蒙古自治区党委书记王铎听了汇报后提出了三点要求，其中之一是建议召开西北及内蒙古六省（区）治沙会议。

　　1958 年 10 月 28 日，经中共中央批准，由中央农村工作部、国务院第七办公室及国务院科学规划领导小组主持在呼和浩特召开了"内蒙古及西北五省（区）治沙规划会议"，会议提出了"全党动手，全民动员；全面规划，综合治理；除害与兴利相结合，改造与利用相结合；因地制宜，因害设防；生物措施与工程措施相结合，大量造林种草和巩固现有植被相结合"的治沙方针，以及"由近及远，先易后难"的治理步骤。会议决定由中国科学院组织领导全国的治沙科学技术工作，并组建了由 800 多名科技人员组成的中国科学院治沙队。中国科学院治沙队组建以后，总结山西省王家沟在小流域治理方面的成功经验，决定在西北五省（区）及内蒙古建立 6 个治沙综合试验站，这 6 个治沙综合试验站是：榆林（陕西）治沙综合试验站，民勤（甘肃）治沙综合试验站，灵武（宁夏）治沙综合试验站，格尔木（青海）治沙综合试验站，托克逊（新疆）治沙综合试验站，磴口（内蒙古）治沙综合试验站。同时还组建了 20 个治沙研究中

心站和 32 个沙漠考察分队。

1959 年中国科学院治沙队成立后进行了大规模沙漠考察,穿越了塔克拉玛干沙漠、巴丹吉林沙漠和腾格里沙漠等几大沙漠,编制完成了 1:300 万的《中国沙漠分布图》。这两项工作标志着我国荒漠生态研究的开始,尤其是建立的 6 个治沙综合试验站为我国荒漠生态定位研究奠定了基础。

1960 年内蒙古林学院组建治沙专业,1962 年中国科学院治沙队缩编后改名为中国科学院地理所沙漠研究室,兰州大学、北京林学院也相继开设了治沙课程,至此,我国沙漠科研、教学体系初步形成。1965 年中国科学院地理所沙漠研究室迁至兰州,与冰川冻土所合并为中国科学院兰州冰川冻土沙漠研究所。

建立不久的沙漠科研机构在三年困难时期遇到了很大挫折,有的撤销,有的下放到了地方。这一时期的沙漠科学研究主要是从事造林治沙试验。1957 年,原苏联专家 M·Π 彼得洛夫提出草方格沙障并在宁夏沙坡头进行推广应用,1959 年民勤治沙综合试验站梭梭造林获得成功,至 1961 年民勤治沙综合试验站首创了黏土沙障固沙技术。直到 70 年代末沙漠和治沙科研机构得以恢复。1975 年出版了《甘肃沙漠与治理》和《陕北治沙》,主要总结了当地群众治沙经验;1976 年出版了《沙漠的治理》,汇集了全国各地的治沙经验;1980 年出版了《流沙治理研究》和《世界沙漠研究》,其中《流沙治理研究》一书对沙坡头 20 多年来的科研成果进行了系统总结。1981 出版了学术刊物《中国沙漠》。这一时期还在西北沙区进行了飞播造林种草试验。

1991 年 7 月 29 日至 8 月 2 日兰州《全国治沙工作会议》后,林业部组织制定了《1991 年~2000 年全国治沙工程规划》,在全国设立了 9 个试验示范区,国家自然科学基金和"九五"、"十五"科技攻关计划重点支持了一大批沙漠科研项目。1991 年《全国治沙工作会议》后成立了全国治沙工作协调小组,1993 年全国治沙工作协调小组更名为全国防治荒漠化协调小组。1992 年 11 月国家民委批准成立中国治沙暨沙业学会,1994 年 10 月 14 日,原林业部副部长祝光耀代表中国政府赴巴黎在联合国防治荒漠化公约上签字。

中国科学院 1988 年开始组建的中国生态系统研究网络（CERN）已经陆续建立了一批荒漠生态定位研究站,如阜康荒漠生态系统观测研究站、奈曼沙漠化研究站、沙坡头沙漠试验研究站、策勒沙漠研究站、临泽内陆流域综合研究站、鄂尔多斯沙地草地生态定位研究站、民勤荒漠草地生态系统国家野外观测研究站等。

图 3　民勤治沙综合试验站(民勤西沙窝绿洲边缘)

☞ 认识沙尘暴

沙尘暴是指大风将地面沙尘物质吹起,使得空气变得浑浊,水平能见度小于 1000m 的天气现象。

现行的沙尘暴分级指标采用的是 Joseph 于 1980 年研究印度西北部尘暴对流传输特征时提出的尘暴强度分级标准,即:

弱沙尘暴:4 级<风速≤6 级,500m≤能见度<1000m;

中沙尘暴:6 级<风速≤8 级,200m≤能见度<500m;

强沙尘暴:9 级≤风速,能见度<200m。

在此基础上,我国又将强沙尘暴划分为强沙尘暴和特强沙尘暴,即:

强沙尘暴:9 级≤风速,50m≤能见度<200m。

特强沙尘暴:25 m·s^{-1}≤瞬时风速,能见度<50m。

依据上述沙尘暴分级标准,并参照民勤沙区的起沙风速,可得到如下(沙尘暴分级示意图)沙尘暴观测分级(能见度和风速)对照图。

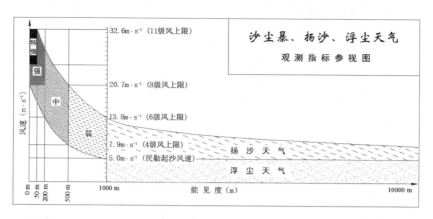

图4 沙尘暴分级示意图

在我国西北地区,沙尘暴集中发生在每年春季,如在民勤沙区,1993~2013 年平均,年平均发生沙尘暴 13.7 次,其中 4 月份发生沙尘暴 3.05 次,3 月分发生沙尘暴 3.00 次(下图)。

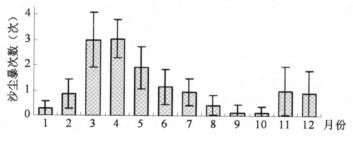

图5 民勤沙区沙尘暴月分布(1993-2013)

沙尘暴为什么多发生在春季呢?其实事出有因:

沙尘暴的动力是风,而风的动力源则是气压,气压的动力源又是太阳辐射。由于沙子的比热很小(约为水的 1/5),当太阳照射后,沙面很快增温,并将大量热量辐射到空气中,使得沙漠地区空气受热膨胀,气压变小,气体向上运行到达平流层的下层。由于西伯利亚地区上空空气下沉,气压较低,故而上升到达平流层的气流向气压较低的西伯利亚地区上空流动。由于西伯利亚地区的高压冷气流流向高温低压的沙漠地区,故而到达西伯利亚上空空气下沉(沙尘暴形成过程示意图)。

每年春季沙漠地区气温回升早,易与西伯利亚每年春季向四周扩散的高压冷空气形成明显的气压梯度,温差越大,则气压梯度就越大,气压梯度越大,则风力就越大。

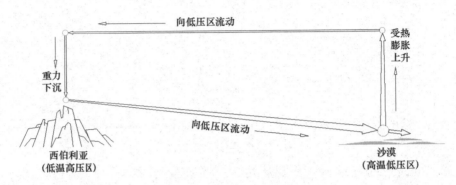

图6 沙尘暴形成过程示意图

由于沙漠地区大面积沙面裸露,且沙面干燥,当有大风经过时,会将干燥沙面的大量沙粒带起,吹扬到空气中,使空气变得浑浊。

沙尘暴就像打雷、下雨一样,是一种天气现象,其发生的根源主要是由于地球表面(纬度、地形、地表)的差异而受热不均匀产生气温差进而产生气压差(气压梯度)所致。近些年来,由于全球变化和人类不合理活动的影响,沙尘暴活动加强了。由于沙尘暴的发生是一种大环境的诱发过程,其主要根源仍然是自然因素,因而,要根治沙尘暴是不可能的,这是其一。其二,沙尘暴虽然是一种大环境的诱发过程,但发生在什么地方,与当地的环境状况有着直接的关系。

关于沙尘暴还存在许多需要明确和商榷的问题,诸如:

1)由于植物具有蒸腾和光合作用,可以利用和消耗太阳能,因而在防治沙尘暴方面,具有其他材料(如沙障)不可替代的作用,保护沙漠植被是防沙治沙和减少沙尘暴最有效的措施,保护沙漠植被的根本出路是保护沙漠地区有限的水资源。

2)设置沙障也是一种很有效的防沙措施,但在选择沙障材料时,应当选用那些比热容大的材料,而尽可能避免选用那些比热容小的材料和污染性材料,如石块、砖块、水泥、混凝土和黑色塑料等。

3)目前在防治沙尘暴方面还存在一些错误的认识,比如将防治沙尘暴简单地归结为防止沙面地面起沙起尘,比如忽视戈壁对沙尘暴的作用,将弃耕地与沙尘暴的关系简单地理解为可否起沙起尘的关系,等等,这只是看到了沙尘暴的沙尘物质方面,而忽视了动力原因,殊不知沙尘暴发生的根源是热力和气压的不均匀,殊不知戈壁滩和干粘土的比热容均很小,接受太阳辐射后能够产生大量辐射,有助于沙尘暴的形成和加强。甘肃河西地区的戈壁面积大于沙漠面积,从全国范围看,沙漠面积略大于戈壁面积;就诱因而言,戈壁对沙尘暴的作用有多大,目前尚无结论。

4)近几年在河西走廊戈壁滩上新建了一些风能发电、太阳能发电场。由于风能发电和太阳发电能发电能够消耗风能和利用太阳辐射,在不考虑别的因素的情况下,其对防治沙尘暴有积极的作用。

☞ 沙尘暴、扬沙和浮尘的区别

沙尘暴、扬沙和浮尘是三种相近的天气现象。你能把这三种天气现象区别开吗?参照"沙尘暴分级示意图"归纳出三者的主要区别如下表:

表1　沙尘暴、扬沙和浮尘的主要区别

	沙尘暴	扬沙	浮尘	说明
能见度	<1000m		≥1000m	沙尘暴与浮尘主要区别是风速;扬沙与沙尘暴主要区别是发生范围大小; 沙尘暴的扬沙的能见度变幅较大,而浮尘的能见度变幅较小; 内蒙古或河西走廊发生沙尘暴后浮尘可扩展到兰州。兰州可能出现沙尘暴,而不会出现扬沙天气。
范围	较大,数千公里,包括非沙尘源地区	沙尘源地区,几公里的局地范围	较大,数千公里,包括非沙尘源地区	
风速	≥5m·s⁻¹(当地的起沙风速)		风速很小或无风	
沙尘源	沙尘源区或非沙尘源区	沙区	沙尘源区或非沙尘源区	
持续时间	不确定	间歇式	相对较长	
发生时间	实时发生		沙尘暴过后,有时是其他地方发生沙尘暴后漂浮而来	
高度	≥1000m	≤1000m	≥1000m	
前期预兆	前期有高温出现,气压降低	多风季节	当地或周边已发生沙尘暴	

☞ 西伯利亚

谈到中国的沙尘暴我们就不能不提到西伯利亚，谈到寒流也不能不提到西伯利亚。因此，我们有必要了解一下西伯利亚。

西伯利亚（Siberia）是俄罗斯境内北亚地区的一片广阔地带。西起乌拉尔山脉，东迄太平洋，北临北冰洋，西南抵哈萨克斯坦中北部山地，南与中国、蒙古和朝鲜等国为邻，面积 $1276×10^4km^2$（西伯利亚位置图），除西南端外，全在俄罗斯境内；也有人将北冰洋同太平洋水系分水岭作为其东界。

俄罗斯西伯利亚西区的南部与中国及蒙古接壤。俄罗斯西伯利亚地区包括乌拉尔行省区、西西伯利亚行省区和远东行省区的萨哈（雅库特）自治区三部分。历史上，整个远东行省区其实都算是西伯利亚的一部分。现在的西伯利亚地区包括以下各个部分：阿尔泰共和国、布里亚特共和国、萨哈（雅库特）共和国、图瓦共和国、哈卡斯共和国、阿尔泰边疆区、克拉斯诺亚尔斯克边疆区、伊尔库茨克州、克麦罗沃州、新西伯利亚州、鄂木斯克州、托木斯克州、赤塔州。

西伯利亚（俄语：Сибирь），据说"西伯利亚"这个名称可能来自古突厥语，意思就是"宁静的土地"。也有说法说是"锡伯利亚"，来自鲜卑民族的直系后裔——锡伯族。而在中国古地图上，西伯利亚被称为"罗荒野"。"西伯利亚"这个名称来自于蒙古语"西波尔（xabar）"，意为"泥土、泥泞的地方"。古时，西伯利亚就是一片泥泞的地方。住在这里的蒙古先民以地形为这个地方取了名字。当俄罗斯人来时，将此音译为"西伯利亚"。

西伯利亚地处中高纬度，气候寒冷，北半球的两大"寒极"（上扬斯克和奥伊米亚康）均位于此。大陆性气候显著，自西向东逐渐增强，冬季寒冷漫长，夏季温和短暂。年均气温低于 0℃。东北部雅库特地区的低温是-70℃。

降水时空差异明显，北冰洋沿岸年降水量 100~250mm，针叶林地带 500~600mm，阿尔泰山地达 1000~2000mm。75%~80%的降水主要集中在夏季。

第
一
部
分

认
识

在广阔的原始森林里隐藏着神秘的普托兰纳高原——中西伯利亚高原最高的一部分。"普托兰"在当地居民——埃文基人的语言里的意思是"峭岸湖王国"。深达 1000m 的谷地截断高原形成了湖泊,站在最高点—卡缅山上,方圆几百公里尽收眼底。水流沿着陡峭的谷壁倾泻而下,形成了串串瀑布。

对于北方的土著居民来讲,鹿永远是最珍贵的财产。可以骑着鹿或者套在雪橇上行路,可以用鹿的皮毛缝制衣服和鞋,也可搭盖帐篷——当地居民的房子,而数百年来鹿肉一直是北方人的主要食物。

这一广阔的地区被称为取之不尽的资源宝库。俄罗斯科学家、作家罗蒙诺索夫曾经说过:"俄罗斯的强大在于西伯利亚的富饶。"根据勘查材料粗略地估算,西伯利亚地区蕴藏的资前接近原苏联全部资源的三分之二。

图 7　西伯利亚位置图

☞ 沙尘暴的前期特征

沙尘暴形成的直接原因有二,其一是它的动力源即大风。大风的形成与气压有关,而气压的高低又与气温相关。不同的气压梯度及其对流方向决定了大风的风速和风向。其二是沙尘暴物质源即易流动的沙尘。

沙尘的流动性是受多种因素影响的,据我们观测研究,沙面的稳定性除了与风速有关外,还与植被、沙粒粒径、沙丘高度、沙面黏土比例、沙面干燥程度等因素有关,而几年之内在一个沙尘暴发生区域内,沙粒粒径、沙丘高度、沙面黏土比例是相对稳定的。植被状况随季节变化,沙面干燥程度与降水和季节有关。

❋ 气温特征

在沙尘暴发生前1周内日平均气温有一个明显的抬升过程,抬升过程长可达6d,短的仅为1d。部分沙尘暴在其发生前先是气温抬升,后又有1~2d的温度下降过程。分析结果表明,在冬季12~1月份沙尘暴前期7d平均气温与沙尘暴的风向之间存在最大的正相关(0.875),与沙尘暴的能见度之间存在最大的负相关(-0.814);沙尘暴前气温抬升日数与沙尘暴持续时间之间存在最大的正相关(0.994);气温的日平均抬升值与沙尘暴发生时间存在最大的正相关(0.903),与沙尘暴的风向之间存在最大的负相关(-0.911);气温先抬后降的日数与沙尘暴发生月份之间为最大正相关(0.592);先抬后降的日均下降值与沙尘暴的发生时间之间为最大正相关(0.599)。在2~11月份,沙尘暴出现前7d平均气温与沙尘暴的发生时间之间存在最大的正相关(0.434),气温抬升日数与沙尘暴发生时间之间为最大的负相关(-0.465);气温先抬后降的日数与沙尘暴发生月份之间为最大正相关(0.366)。

❋ 气压特征

在沙尘暴发生前1周内,气压方面表现有一个明显的下降过程,与气温的变化相似即有时也表现出一个先降后抬的过程,气压抬升开始在沙尘暴发生的前1d或当日。在12~1月份,沙尘暴前7d平均气压与沙尘暴的风向之间存在最大正相关(0.981),与沙尘暴发生时间之间存在最大的负相关(-0.919);前期气压下降日数与沙尘暴发生时间之间存在最大正相关(0.638),与沙尘暴持续时间之间存在最大的负相关(-0.826);气压日均下降值与沙尘暴发生时间之间存在最大正相关(0.694),与沙尘暴风向之间存在最大负相关(-0.614);7d平均气压低于5年同期平均气压;前期气压下降差值与沙尘暴发生时间之间为最大正相关(0.816);气压先降后抬的日数与沙尘暴能见度之间为最大的正相关(0.653)。在 2~11 月份,沙尘暴前 7d 平均气压与沙尘暴发生时间之间存在最大的负相关(-0.381),前期气压下降日数与沙尘暴发生时间之间存在最大的负相关(-0.494);气压日均下降值与沙尘暴风向之间存在最大正相关(0.317);前期气压下降差值与沙尘暴发生时间之间存在最大负相关(-0.291);气压先降后抬的日数与沙尘暴持续时间之间存在最大的负相关(-0.414);气压先降后抬的抬升值与沙尘暴能见度之间存在最大正相关(0.385)。

❋ 风速特征

沙尘暴前期风速表现为一个逐渐增大的过程,一般是从前 1d 开始逐渐增大。在 12~1 月份,沙尘暴发生前 24h 平均风速与沙尘暴风向之间为最大正相关(0.421),与沙尘暴持续时间之间为最大负相关(-0.699)。在 2~11 月份,沙尘暴发生前 24h 平均风速与沙尘暴的能见度之间为最大的正相关(0.405)。沙尘暴前 24h 平均风速越大,则沙尘暴的最大风速越小。沙尘暴发生前 12h 平均风速一般大于 24h 平均风速。

❋ 风向特征

沙尘暴前期 24h 主风向与沙尘暴的最大风向的相关性极小。在 12~1 月份,沙尘暴前 24h 主风向与沙尘暴发生月份之间为最大正相关(0.710),与沙尘暴的能见度之间为最大的负相关(-0.708)。在 2~11 月份,沙尘暴前 24h 风向与沙尘暴发生时间之间为最大的负相关(-0.359)。

☞ 沙尘暴与你也有关

还记得 1993 年 5 月 4~6 日发生在甘肃河西走廊及新疆、宁夏、内蒙古一带的那场强沙尘暴吗?朗朗晴空,突然间天昏地暗,伸手不见五指。后据有关科研单位测定,在民勤沙漠边缘风速达 10 级,能见度为零,持续长达 2.5 小时。沙尘暴过后半月之内,遍地一片尘埃。后来新闻媒体报道,在这场强沙尘暴中,死亡 85 人,受伤 264 人,房屋倒塌数千间,死亡和丢失牲畜 12 万头(只),造成直接经济损失 5.4 亿元。见者惊心,闻者动魄。

这场沙尘暴后 4 年间,每年四五月份河西走廊至少要发生一次沙尘暴。统计资料表明,从 1952 年到 1996 年,我国西北地区发生沙尘暴 50 次,其中:50 年代 5 次,60 年代 8 次,70 年代 13 次,80 年代 14 次,90 年以来 14 次,沙尘暴越为越频繁。

沙尘暴警钟紧鸣,但似乎还没有引起人们的警觉。5 月 13 日《甘肃日报》刊登了一篇关于河西走廊一些地方破坏林地的调查汇报,《森林法》规定,征用 2000 亩以上的林地必须报请国务院批准,但河西走廊沙区的一些县、市未经报请国务院和省政府批准,将数千亩、上万亩的林地搞开发或移作他用,林业主管部门多次敦促补办手续,但时过两年问题至今未能得到解决,视国家法律于不顾,遇沙尘暴而不觉,就好像沙尘暴与己无关。近些年来,河西走廊各地大面积毁林开荒,六七十年代营造的 100 多万亩沙枣防护林目前保存已不足 40 万亩。中央电视台报道,陕西省神木县,新中国成立前流沙滚滚,沙区人民过着"吃糠菜,住柳庵,一件皮袄四季穿"的苦难生活,新中国成立后神木人民造林固沙,使大面积流沙得到了固定。1992 年一位副县长指示县土地管理将 5000 亩固沙林地划给一个体户搞开发,时过数年,开发没搞成,而 5000 亩固沙林荡然无存,沙漠活化,流沙再起,恢复了往日的景象。

沙尘暴的发生与每年春节西伯利亚高压冷气流向四周扩散有关,但发生在什么地方,与当地的环境状况有着直接的关系。河西走廊周围沙漠广布,沙面裸露,日照反射强烈,春季气温回升早,易形成高温低压区,与西西伯利亚的高压冷气流形成明显的气压梯度,气压差越大,风力越大。出现沙尘暴的原因是气流下垫面为干燥裸露的流沙。大面积沙漠裸露,这就是每年春季河西走廊出现沙尘暴的直接原因。

沙尘暴是沙漠化过程的一种典型表现形式。有资料表明,我国土地沙漠化是加速发展的,60 年代中期至 70 年代中期,我国沙漠化土地平均每年扩大 1560 km^2,70 年代中期至 80 年代中期平均每年扩大 2100km^2,目前正在以每年 2370km^2 的速度迅速扩大,而且沙漠化的程度也越来越严重。如果任其这样发展下去,后果将不堪设想。权威人士指出,我国沙漠化的主要原因是人为活动过度干预。

搞开发是为了发展经济,是为了生活得更好一些,但发展经济不能以破坏生态环境为代价,生态环境是我们生活和发展的基础。破坏沙区林草植被,无疑会使沙尘暴越来越频繁,沙漠化速度越来越加剧,使我们自己生存和发展的环境越来越恶化,害人又害己。生态环境的好坏与每个人都有直接的关系,只有自觉地保护和建设沙区林草植被,沙尘暴才能越来越少,土地沙漠才能得到减缓乃至控制;也只有这样,才于人于己有益,于当今于后人无愧。

(作者:常兆丰,原载《甘肃日报》1997 年 6 月 17 日)

图 8　民勤沙尘暴图

☞ 认识沙产业

沙产业的概念是我国著名科学家钱学森于 1984 年在中国农业科学院科技委所作的一次专题报告中首先提出来的。30 多年来,在钱学森这一思想的倡导下,内蒙古、甘肃、新疆、宁夏等西部省区都做了广泛尝试。然而,沙产业是一种前所未有的产业,是一种"农业型知识密集的产业类型"。可能是由于认识上的原因,近些年来,一些地方在探索沙产业开发的过程中出现了一些偏差,甚至步入了误区。这样则会误导沙产业的发展,延缓沙产业探索的步伐。因此,有必要首先正确认识沙产业,工欲善其事,必先利其器。

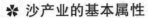

❋ **沙产业的基本属性**

1)沙产业是利用沙漠或戈壁土地资源和光热资源的产业。沙漠是一种自然存在，而一种自然存在或自然物只有成为人类的生产资料或者生活资料时，才能成为自然资源。沙产业就是将沙漠、戈壁作为生产资料，为人类生产物质财富。考察是不是属于沙产业，应该以资源的利用为依据，而不是以产品的形态为标准。

2)沙产业是大农业产业组合。首先，沙产业属于大农业产业范畴。大农业包括农业、林业、养殖业等等，而不仅仅局限于种植业，它是农业、林业和养殖业的综合组装，是生态环境保护和沙漠资源利用相结合的生态——经济型产业组合。

3)沙产业是知识密集型产业。沙漠地区自然条件严酷，不具备传统的农业生产条件，或者说无法运用传统的农业生产方式进行生产，而必须运用适应沙漠地区自然条件的新技术才能实现生产的目的。因此，沙产业技术是一套完全不同于传统农业和现代农业生产技术的一整套全新的技术集成。

4)沙产业是节水型农业产业。节水型农业产业即资源保护型产业，长期以来我们一直提倡保护沙漠生态环境，而真正意义上的沙产业的出现，才能实现对沙漠资源的保护性利用。

❋ **沙产业是必由之路**

1)据史料记载，公元元年，地球上有人口 1.5×10^8 人；公元 1800 年，全世界人口发展到了 10×10^8 人；1999 年全世界人口达到了 60×10^8 人，目前每 12 年约增加 10×10^8 人。一方面，随着人口的增多，人类的粮食和其他食品的需求量将会大幅度增加，而目前人均耕地面积和其他可供人类享用的资源量正在相对减少，人类就必须寻找开发更多的农业资源。另一方面，随着社会的发展，城市面积和公路、铁路占地面积正在迅速扩大，耕地面积正在绝对减少。目前世界上已有数以亿计的人口挣扎在食品匮乏的环境中，联合国粮农组织 2000 年的一份报告称，全球食不裹腹者已高达 7.9×10^8 人，粮食极度匮乏的国家有 33 个之多。

耕地面积的绝对减少和人均耕地面积的相对减少，迫使人类去探索开辟农业生产所需要的土地资源，更何况人类并不会满足于现在的

生活水平,而是会追求越来越高的生活目标。

2)随着人类生活质量的提高,人类对食品安全越来越关注。就我国而言,尤其是 20 世纪 80 年代以来,粮食产量大幅度增长,这除了国家政策和其他因素外,其中大量使用化肥、农药、地膜对农业增产的贡献是显而易见的。一方面,化肥、农药、地膜对农业增产的作用是有限的;另一方面,化肥、农药、地膜的超标使用对农产品的污染极为严重。人类不能把提高生活质量的希望寄托于超标使用化肥、农药和地膜上,超标使用化肥、农药和地膜是与人类的安全、健康相悖的生产方式,其产品将会被越来越多的人所抛弃,追求安全、健康的农产品是未来人类对农业生产发展的必然要求。

人类生活水平的不断提高,迫使人类追求更为广泛的农业生产资源和更为安全的农业生产资料。

3)就我国而言,近几十年来农业的增产增收在很大程度上是依赖于水资源的大量消耗的。目前,世界范围的淡水资源迅速减少,我国西北地区地下水资源亦正在大幅度减少。最大限度地降低种植业生产过程中水资源的消耗和提高单位面积碳水化合物的产量,是未来农业种植业的发展方向,这就是"多采光、少用水、低投入、高产出"的集约化种植业。

淡水资源的绝对减少和人均占有量的相对减少,必然要求人们改善传统的生产方式,科学利用有限的资源,尤其是水、土资源。

当然还有其他原因,但主要是上述 3 点。地球上沙漠、戈壁面积广大,而且沙漠、戈壁地区光热资源丰富,具备生产高碳水化合物的条件。从这 3 方面考虑,开发利用广大的沙漠、戈壁资源,发展沙产业是未来发展的必由之路。

❋ 沙产业发展的条件

发展沙产业应具备一定的技术条件和经济条件,这些条件主要是:

1)人类的生活水平大幅度提高。随着社会经济条件的提高,人们对农产品的安全的要求也会随之大幅度提高,人类普遍追求健康无公害的食品。农产品中的化肥、农药的残留物成为人们购买产品时较其价格更为关注的指标;农业生产经营中,农药、化肥的使用量已被严格限制,即人们对农产品的健康的追求已远远大于对其价格的追求,化肥、农药超标的产品已失去了市场,"绿色食品"已成为生产经营者追求利润的主要方式之一。

2)相应的新技术的产生和集成。1990年11月21日,钱学森在给甘肃河西走廊沙产业开发工作会议的书面发言中,对沙产业的概念作了进一步说明:沙产业就是搞生产,而且是大农业生产,这可以说是一项"尖端技术"。钱学森认为,"发展尖端技术的沙产业,就是利用现代生物科学的成就再加水利工程、计算机自动控制等前沿高新技术,在沙漠、戈壁上建设成历史上从未有过的大农业,即农、工、贸一体化的生产基地",并预言,沙产业"将创造上亿元的产值"。以上简洁的概述进一步阐明,作为第六次产业革命的农业型、知识密集型的沙产业,其实质就是变沙漠戈壁为绿色资源,在沙漠、戈壁上创造高产值,从而大大扩展了农业的产业领域。沙产业理论把干旱区、半干旱区利用绿色植物提高光全利用率的希望和潜力寄托在高新技术的开发利用上。主张走出传统,集约经营,跨行业、跨领域地运用生物的、物理的、化学的科学原理,利用信息革命的新成果、新技术、新材料、新工艺,创造知识密集型的大农业产业,即沙产业。真正的沙产业必须伴随着一次新的产业革命才能实现,所有这些都需要新技术的产生与集成,这也是每一次产业革命必须具备的条件之一。

3)农产品的大幅度涨价。农业生产经营,尤其是"绿色产品"的生产经营已成为高利润的行业之一。这样,农业生产经营者就追求其生产经营的质量利润,就有理由投资具备"尖端技术"的、"知识密集型"和具备大农业性质的沙产业的开发经营。

沙漠、戈壁就像海洋、煤田、气田、矿藏一样,总有一天人类会找到一种对其开发利用的有效方式,沙产业是未来大农业发展的必然趋势。然而,沙产业的发展必须具备一定的条件。

意大利科学家李约瑟有句名言:世界上最可怕的是没有准备的头脑!尽管我们目前的探索还不是真正意义上的沙产业;尽管目前我们还无法预测真正意义上的沙产业何时才能到来,然而,我们的探索不正是在朝着沙产业迈进吗!

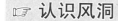
认识风洞

　　风洞实验室,即由风机提供风能并由人工控制气流,以模拟飞行器或物体周围气体的流动, 并可量度气流对物体的作用以及观察物理现象的一种管道状实验设备,它是进行空气动力实验最常用、最有效的工具。风沙环境风洞则是通过人工产生和控制气流,模拟并观测记录物体与周围气流、风沙流的相对运动管道式实验装置(下图)。

图9　风洞实验室

　　风洞最早产生于航天器的研究领域。世界上最早的风洞是英国人韦纳姆(E.Mariotte)于 1869 年~1871 年间建成的,它用一个两端开口的木箱制成,截面积为 45.7cm×45.7cm,长 3.05m。美国人 O·莱特和 W·莱特兄弟在他们成功地进行世界上第一次动力飞行之前,于 1900 年建造了一个风洞,1901 年莱特兄弟又建造了风速 $12m·s^{-1}$ 的风洞,从而发明了世界上第一架飞机。

　　风洞的大量出现是在 20 世纪中叶。到目前为止,中国已经拥有低速、高速、超高速以及激波、电弧等各种风洞。现如今的风洞的应用范围拓展到了航空、铁路、公路、建筑物通风、空气污染、风力发电、环境风场、复杂地形中的流况、防风设施的功效以及结构物的风力荷载和振动等广泛领域。

　　风洞的工作原理是：使用动力装置在一个专门设计的管道内驱动一股可控气流，使其流过安置在实验段的静止模型，模拟实物在静止空气中的运动。测量作用在模型上的空气动力，观测模型表面及周围的流动现象。根据相似理论将实验结果整理成可用于实物的相似准数。实验段是风洞的中心部位，实验段流场应模拟真实流场，其气流品质如均匀度、稳定度（指参数随时间变化的情况）、湍流度等，应达到一定指标。风洞主要按实验段速度范围分类，速度范围不同，其工作原理、型式、结构及典型尺寸也各异。低速风洞：实验段速度范围为 0~100 m/s 或 Ma（马赫数）=0-0.3 左右；亚声速风洞：Ma=0.3~0.8 左右；跨声速风洞：Ma=0.8—1.4（或 1.2）左右；超声速风洞：Ma=1.5~5.0 左右；高超声速风洞 Ma=5.0—10（或 12）；高焓高超声速风洞 Ma>10（或 12）。

　　风洞实验的主要优点是：①实验条件（包括气流状态和模型状态两方面）易于控制；②流动参数可各自独立变化；③模型静止，测量方便而且容易准确；④一般不受大气环境变化的影响；⑤与其他空气动力学实验手段相比，价廉、可靠等。

　　风洞实验既然是一种模拟实验，不可能完全准确。影响风沙环境风洞实验精度的因素主要有以下 3 方面：

　　1）风洞试验段的截面积的大小

　　在实际状态中，可视为静止的大气是无边界的，而在风洞中，由于边界的存在限制了边界，附近的流线弯曲，使风洞流场有别于真实的流场。其影响统称为边界效应或边界干扰，这便是决定环境风场精度的关键因素，而且风洞试验段截面积越小，边界效应就越大。降低边界效应的的方法是尽量把风洞试验段做得大一些（风洞总尺寸也相应增大），亦即风洞试验段截面积越大试验结果的精度越高，反之，精度就越差。另一种方法是限制或缩小模型尺度以减小边界干扰的影响。一般要求模型截面积占试验段横截面积的比值（横截面积阻塞比）最大不得大于1/3，但模型尺度太小会使得雷诺数变小。

　　2）雷诺数的大小

　　风洞实验的理论基础是相似原理。相似原理要求风洞流场与真实流场之间满足所有的相似准则，或两个流场对应的所有相似准则数相等。风洞试验很难完全满足。最常见的主要相似准则不满足是亚跨声速风洞的雷诺数不够。雷诺数（Reynolds number）是流体惯性力与黏滞力比值的量度，是一个无量纲量。雷诺数较小时，黏滞力对流场的影响大于惯性力，流场中流速的扰动会因黏滞力而衰减，流体流动稳定，为层流。反之，若雷诺数较大时，惯性力对流场的影响大于黏滞力，流体流动较不稳定，流速的微小变化容易发展、增强，形成紊乱、不规则的紊流流场。由下式可以看出，试验段截面积越大，则雷诺数亦大。

$$Re = \frac{流体密度 \times 平均流速 \times 试验段直径}{运动黏性} = \frac{平均流速 \times 试验段直径}{运动黏性} = \frac{体积流量 \times 试验段直径}{运动黏性 \times 横截面积}$$

3）气流速度的大小

流体力学中，二次流的概念定义如下：假如沿一边界的流动因受到横向压力的作用，产生了平行于边界的偏移，则靠近边界的流体层由于速度较小，就比离边界较远的流体层偏移得厉害，这就导致了叠加于主流之上的二次流。从上式可以看出，气流速度越大，则雷诺数越大，但与此同时，二次流的影响也就越大，尤其对于试验段截面积较小的风洞更是如此。

☞ 风速与气压的关系

风就是气流，一般我们把室内的或人工措施产生的或者由物体与空气相对运动产生的叫做气流，而把室外自然产生的叫做风。而风速则是指室外自然气流的流速。

风是有方向的，是矢量，我们通常说的风，相对于地表面的空气运动，即水平分量。

表示风的大小的物理量有两种，一种叫风速。风速是指空气在单位时间内流动的水平距离，风速越大则它的动能就越大，当风速达到一定程度时才能吹起沙面上的沙粒，如在民勤沙区，起沙风速是 $4.5\sim5.0\,m\cdot s^{-1}$，风速越大，吹起的沙尘越多。另一种表示风的大小的物理量叫风力级，它也是根据风速划定的，即把风速从小到大划分为几个风速段，即风力级。

风力级的划分是根据风对地上物体所引起的现象。风力级的划分

认识沙漠化

首先上英国人蒲福(Francis Beaufort)于 1805 年提出来的,他根据风对地面(或海面)物体影响程度而将风力划分为 17 级。世界上许多国家,包括我国都采用这一划分标准(如下表)。

表 2 蒲福(Francis Beaufort)风力级

风级	风的名称	风速(m·s⁻¹)	风速(km/h)	陆地上的状况	海面现象
0	无风	0~0.2	小于 1	静,烟直上。	平静如镜
1	软风	0.3~1.5	1~5	烟能表示风向,但风向标不能转动。	微浪
2	轻风	1.6~3.3	6~11	人面感觉有风,树叶有微响,风向标能转动。	小浪
3	微风	3.4~5.4	12~19	树叶及微枝摆动不息,旗帜展开。	小浪
4	和风	5.5~7.9	20~28	能吹起地面灰尘、纸张和地上的树叶,树的小枝微动。	轻浪
5	劲风	8.0~10.7	29~38	有叶的小树枝摇摆,内陆水面有小波。	中浪
6	强风	10.8~13.8	39~49	大树枝摆动,电线呼呼有声,举伞困难。	大浪
7	疾风	13.9~17.1	50~61	全树摇动,迎风步行感觉不便。	巨浪
8	大风	17.2~20.7	62~74	微枝折毁,人向前行感觉阻力甚大	猛浪
9	烈风	20.8~24.4	75~88	建筑物有损坏(烟囱顶部及屋顶瓦片移动)	狂涛
10	狂风	24.5~28.4	89~102	陆上少见,见时可使树木拔起将建筑物损坏严重	狂涛
11	暴风	28.5~32.6	103~117	陆上很少,有则必有重大损毁	风暴潮
12	台风(飓风)	32.6~36.9	118~133	陆上绝少,其摧毁力极大	风暴潮
13	台风	37.0~41.4	134~149	陆上绝少,其摧毁力极大	海啸
14	强台风	41.5~46.1	150~166	陆上绝少,其摧毁力极大	海啸
15	强台风	46.2~50.9	167~183	陆上绝少,其摧毁力极大	海啸
16	超强台风	51.0~56.0	184~202	陆上绝少,范围较大,强度较强,摧毁力极大	大海啸
17	超强台风	≥56.1	≥203	陆上绝少,范围最大,强度最强,摧毁力超级大	特大海啸

风速的大小是由什么决定的呢?

首先是由地表受热的不均衡性造成的,而地表受热不均衡的原因又是地表接收太阳辐射的不均衡造成的。地表接收太阳辐射的状况主要受三个因素的制约:一是纬度,越是靠近赤道接收的太阳辐射越多;二是大气层厚度覆盖状况,如海拔、云层、空气状况等;三是地表状况,如坡向、地表物质比热容等。

地表受热不均衡时,热空气体积膨胀,气压降低,冷空气体积收缩,气压增高。于是,就产生了气压梯度;于是,空气就从气压高的地方向气压低的地方运动,气压梯度越大,空气的流速(风速)就越大。

伯努力(Bernoulli)方程:理想正压流体在有势体积力作用下作定常运动时,运动方程(即欧拉方程)沿流线积分而得到的表达运动流体机械能守恒的方程。因著名的瑞士科学家 D·伯努力于 1738 年提出而得名。对于重力场中的不可压缩均质流体,方程为:$p+\rho gh+\frac{1}{2}pv^2=c$

式中 p、ρ、v 分别为流体的压强、密度和速度,h 为铅垂高度,g 为重力加速度,c 为常量。

上式各项分别表示单位体积流体的气压 p、重力势能 ρgh 和动能 $1/2pv^2$,在沿流线运动过程中,总和保持不变,即总能量守恒。但各流线之间总能量(即上式中的常量值)可能不同。对于气体,可忽视重力,方程简化为 $p+\frac{1}{2}\rho v^2=p_0$。

式中 p_0 为常量。显然,流动中速度增大,压强九减小;速度减小,压强就增大;速度降为零,压强就达到最大(理论上因等于总压)。飞机机翼产生举力,就在于下翼面速度低而压强大,上翼面速度高而压强小,因而合力向上。据此方程,也可利用无旋条件积分欧拉方程而得到相同的结果但涵义不同,此时公式中的常量在全流场不变,表示各流线上流体有相同的总能量,方程适用于全流场任意两点之间。

☞ 沙丘三维气流场

流场是指运动流体所占有的空间区域,气流场即气流运动在某一时刻的空间分布。下图(沙丘三维流场图)就是一个以沙丘为中心的气流场。

认识沙漠化

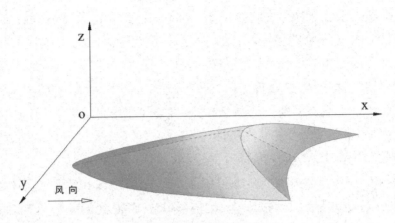

图 10　沙丘三维流场图

　　气流场常用的分析方法有 2 种,即拉格郎日法和欧拉法:拉格郎日法是以质点在流场中的运动为研究对象,并通过多个质点的位置、流速、压力等来表达流场的运动状态。欧拉法则是以流场中不同空间位置上质点随时间的运动参数为研究对象,据此揭示流体的运动状态的。

　　欧拉法是沙丘流场分析最常用的方法,欧拉法用下式表示流体在三维坐标系 x、y、z 的 3 个方向上的速度分量,t 为时刻:

$$u_x = u_x(x, y, z, t)$$
$$u_y = u_y(x, y, z, t)$$
$$u_z = u_z(x, y, z, t)$$

　　较简单的沙丘流场只需要选定沙丘各关键部位,然后在关键部位上的同一高度安置风速、风向气压传感器等,完成了一定速度范围的测定后,再调整到另一个高度进行观测。当观测点足够多时,最后可模拟得到整个流场的运动状态图。

　　下图(沙丘流场气流迹线示意图)中,A 是气流在二维平面流场中的迹线示意图。当气流到达沙丘迎风坡脚继续向前运动时,由于坡面抬升和气流载荷的原因,气流减速并向两翼分流。由于该沙丘的左翼的开张角度较大(与主风向夹角较大),右翼的开张角度较大(与主风向夹角较小),因而气流大量流向开张角度小的右侧,流向左侧的气流相对较少,主风方向的气流因坡度较大和载荷量较大而明显减速。B 图是沿迎风坡基部到沙丘顶点方向的流场剖面图,气流沿主风方向到达迎风坡脚时遇到上升坡面,载荷前进,速度减缓,后面的气流叠加,气流的势能加大,在到达沙丘顶部时在惯性力作用继续向斜上方运行一段后再改变方向。风速越大、迎风坡越陡,这种惯性力越大。在背风坡底部往往会形成涡旋。

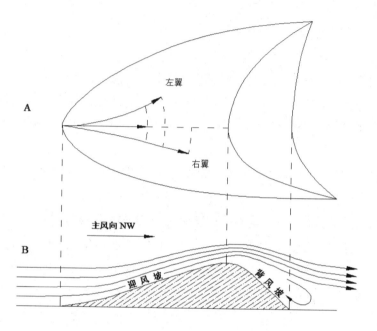

图11　沙丘流场气流迹线示意图

笔者曾在民勤宋和村沙漠边缘看到过一种现象:傍晚时分,突然间沙窝里刮起了东南大风,风沙流沿沙丘东南坡(主风方向的背风坡)上升,在越过沙丘顶部后扬起了 40~60cm 高的风沙流,酷似炊烟,沙窝里沙丘星落棋布,炊烟四起。随后,笔者曾在一媒体上发了一篇"大漠观炊烟"的短文报道了这一现象。

图12　大漠炊烟图

☞ **集沙仪的瓶颈问题**

风沙流和沙尘暴的输沙量,尤其是水平输沙量是描述风沙流强度和沙尘暴强度的一个重要指标。然而,如何才能收集到较为真实的输沙量呢,这一问题至今未解决问题。

目前,国内外设计了多种类型的集沙仪,大体可划分为以下几类:

1)按进沙口排列方式分为水平集沙仪和垂直集沙仪。

2)按水平角方向可分为固定式和旋转式:固定式集沙仪只能收集一个方向的输沙通量;旋转式集沙仪可根据风向调整方向,能收集多个方向的输沙通量。

3)按排气方式可将集沙仪分为主动式和被动式 2 种:主动式集沙仪配有抽气装置,可以使气流及沉积物克服干扰而进入集沙仪。而被动式集沙仪是利用惯性原理取样的,没有专门的抽气装置。

主动式集沙仪由于制做比较复杂,尤其是抽气的速率要与外界气流速度相一致,野外使用很难控制,因而实际很少采用。目前,国内普遍采用的几乎全是被动式集沙仪,如阶梯式集沙仪、平口式集沙仪以及遥测式集沙仪等。

被动式集沙仪的最大缺点是采样管内气流速度远远小于外界实际气流速度,因而实际收集到的只是气流中颗粒相对较大的靠惯性进入管内的沙尘颗粒,而不是采样管截面上的实际沙尘通量,这就是被动式集沙仪的瓶颈问题。比如应用最广泛的阶梯式集沙仪(下图),沙粒从进沙口进入到集沙仪后通过布套连接分装在玻璃管中。但集沙仪是封闭的,即只有进气口而没有排气口。由于没有排气口口,集沙仪内气压大,能进入集沙仪是只能是靠惯性进入的颗粒较大的沙粒。

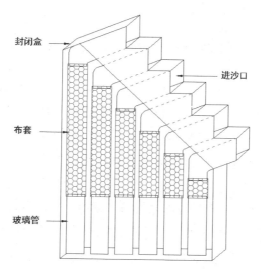

图 13　阶梯式集沙仪

　　再如柱状全角集沙仪(下图),在柱上按半径方向设置蜂巢式进沙口,水平隔板宽度只有垂直隔板宽度的 1/2 或 2/3,即沿内壁有一个一直能到容器盒的落沙口。然而,存在的问题:一是由于有柱的存在,在风沙流碰到柱体前气流会向两侧分流, 因而进入进沙口的气流速度小于外界气流速度,同样只有颗粒较大的沙料才有可能进到进沙口;再者,进到进沙口的沙粒在碰到内壁后有可能还会向外反弹;还有,进到进沙口的沙尘会逐级受蜂巢涡流的影响,不一定会沿落沙口垂直下落。

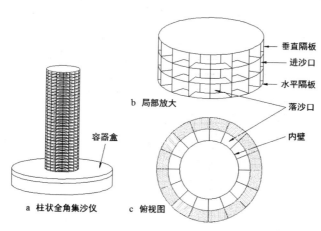

图 14　柱状全角集沙仪

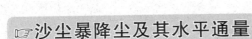

☞沙尘暴降尘及其水平通量

前面我们已经讨论过:沙尘暴是指大风将地面沙尘物质吹起,使空气变得浑浊,水平能见度小于1000m天气现象。风在运动过程中,携带的沙尘有2种运移方式:一种是随着风(气流)继续向前运动,另一种是气流中沙尘饱和或者遇到障碍物改变方向或流速时向下降落。对于沙尘暴输沙量的观测,根据这2种方式:一种是观测水平降尘量,另一种是观测垂直降尘量,还有一种就是测定单位气体中的沙尘含量。

垂直降尘反映一场沙尘暴过程在观测地的单位面积降尘量,水平降尘则反映的是沙尘暴过程中单位观测断面的沙尘通量。不论是垂直降尘,还是水平通量,实际测定起来都比较复杂,因而目前国内外尚没有一种比较精确的测定方法和测定工具。

测定垂直降尘的难点在于:沙尘暴的垂直降尘一般用一个降尘缸来收集(如下图),但存在的问题是,根据伯努利(Bernoulli)方程,降尘缸外的气流是快速流动着的,因而气压较低。而降尘缸内的气流是相对静止的,因而气压较高,所以下落的沙尘不易进入到降尘缸内,尤其是细小的沙尘。有人设计了另外一种收集沙尘暴垂直降尘的装置:即将一块一定

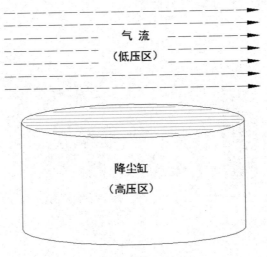

图15　沙尘暴垂直降尘收集器示意图

面积的滤纸粘贴到一个托盘上,在滤纸是涂上不易挥发的凡士林,以黏着沙尘暴的垂直降尘,但出现的问题:一是当涂有凡士林人滤纸上黏着一层沙尘后,继续黏着的力就会下降,后来到达滤纸的沙尘可能被黏着,也可能无力继续粘着。二是滤纸上被黏着的沙尘,还可能被后来的气流带走,在一场沙尘暴中,最终能黏着多少沙尘是无法确定的。

收集沙尘水平能量的难度更大,难就难在要阻截沙尘,就会阻挡气流,降低流速。有人还设计了一种如下图所示的沙尘暴水平通量收集器,即在一个大口径管中焊接一个小口径水平通量管,在大管内小管的一头接有一个用吸尘器滤纸做成的纸袋以收集沙尘,但因滤纸袋阻挡气流,从而使得管内气流速度远远小于外界气流速度,而只有部分沙尘在惯性的作用下才可进入到管内积攒到滤纸袋中,尤其当滤纸袋内积攒了一定量的沙尘后其通气性就会进一步降低,不难想象,实际收集到的沙尘量肯定会远远少于外界气流实际的输沙量。

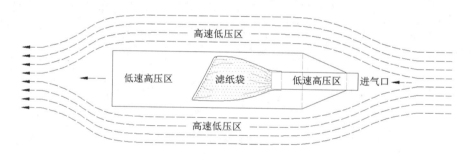

图16 沙尘暴水平通量收集器剖面示意图

根据伯努利方程,管内与管外的气流速度可通过测定气压而测得。假定有如下图所示的水平气流管,管中放置一个充当滤纸的遮挡片,遮挡片上开一个通气孔,孔口面积仅为管口面积的 10%,用一个灌有水的 U 型管来测定气压,在下图(图 A)中,U 型管的一端放在气流管内,一端置于气流管外,当有气流从气流管的一端吹来时,由于管内遮挡片的遮挡,气流管内气体流速小,气压高,U 型管的水位必然会下降,而气流管外气体流速大,气压低,U 型管的水位就会上升。如果将 U 型管的两端分别置于气流管内的遮挡片前和片后(图 B),当从气流管的一端接上一个漏斗形吹气或吸气装置,然后在这一端进行封闭式吹气或封闭式吸气时,则由于有遮挡片的遮挡,吸气端气压较低,水位就会上升。如果换为吹气,则在遮挡片靠近吹气端由于气压大,水位会下降,而在遮挡片的另一端,由于出口流畅,气压低,水位则会相对上升(图 c)。

上面我们假定遮挡片上的孔口面积仅为管口面积的 10%,其实不论这个开孔面积大小,只要存在这个遮挡,就会阻挡降低气流管内的气体流速,其道理都是一样的。

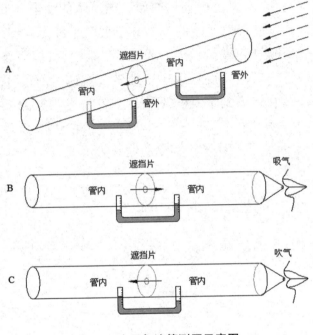

图 17　水平气流管测压示意图

☞不可忽视的元数据

元数据(Meta data)是关于数据的数据,是用来描述数据的数据,这个定义既简单又准确。

元数据是计算机数据库中的一个概念。比如一个数据表,表中的内容就是数据,而关于表的结构,如字段及其类型、长度、单位、数据的来源等等就是元数据。在计算机编程中,元数据不是被处理的对象,而是用来定义数据环境、处理方法的数据。在解释程序运行时,不同的元数据会让同一段程序有不同的运行结果。在数据仓库中,元数据就是用来描述数据仓库内数据的结构及其建立方法的数据。元数据可分为两类,一类叫作管理元数据,另一类叫作用户元数据。元数据在数据仓库中有着举足轻重的作用,它不仅定义数据仓库的作用,指明了数据仓库中信息的内容和位置,规定了数据的抽取和转换规则,存储了与数据仓库主题有关的各种信息,而且整个数据仓库的运行都是基于元数据进行的,如修改跟踪数据、抽取高度数据、同步捕获历史数据等等。元数据描述了数据仓库中的数据及其相互关系,它们是用户使用和系统管理数据库的基础。

元数据的意义在于,可以像使用任何类型的应用程序或数据设计元素一样使用元数据类型和实例信息。将设计信息表达为元数据,特别是标准元数据,就可以为再次使用、共享和多工具支持提供更多的可能性。

在生态观测研究中,元数据有着不可忽视的重要作用。下表中,有底纹的单元格中记录的全是元数据,只有最右一列才是数据。元数据还可分为描述全局的元数据和描述单项的元数据。如果缺少了描述全局的元数据,如取样深度、取样日期和测定方法等,就会使得全部数据失去使用价值;如果缺少了描述单项数据的元数据,则会使得该数据失去使用价值,如缺少了序号 2 的经纬度,则就不知道该样品准确的取样位置了;如果缺少了植物群落的名称,就不知道取样的当时该取样点的植被类型了。相反的,如果在调查数据的同时,记录保存了完整的元数据,这些数据就会具有永久的使用价值,而且保存时间越长,数据的价值越高。由此我们就可看出元数据的作用和意义了。

在这方面我们是有教训的,如民勤治沙综合试验站现在保存的一些 20 世纪五六十年代的调查观测资料,表中只记录了调查的大体地名、植物中文名、植株高度、株数和调查年月日等,由于缺少元数据,这些资料失去了应有的价值。

在荒漠生态观测研究中的元数据主要包括以下几类:

1)环境元数据:如调查样点(样方)的经纬度、海拔高度、地貌类型、植被类型、样方面积、地下水位、气候条件等等;

2)方法元数据:如调查方法、取样方法、调查计量工具、测试仪器(型号、精度)、测定环境(温度)、药品、执行的测试标准等等;

认识沙漠化

3）单位元数据：如样方的面积单位、测定植物高度的计量单位、测试样品的计量单位等等；

4）信息元数据：如调查时间、取样时间、取样人、测试人、记录人等等。（下表中，除了含水率一列数据外，其他均为元数据）

表3　民勤沙化土地样地土壤水分取样记录表

序 号	植物群落	经纬度		含水率(%)
		E	N	
1	沙蒿群落（18KM 路南）	102°51′24″	38°33′57″	0.3781
2	麻黄群落（18KM 路南）	102°51′15″	38°33′52″	0.4273
3	麻黄群落（18KM 路北）	102°51′07″	38°34′08″	0.1568
4	沙蒿群落（18KM 路北）	102°51′20″	38°34′06″	0.2292
5	梭梭人工林（15KM 近）	102°53′34″	38°34′13″	0.1963
6	梭梭人工林（15KM 远）	102°53′31″	38°34′17″	0.2103
7	白刺群落（植物园后）	102°58′17″	38°35′19″	1.2163
8	白刺+人工梭梭（园东）	102°58′34″	38°35′27″	0.3092
9	白刺+人工梭梭（进军）	102°58′23″	38°35′21″	0.2768
10	耕地（果园北后）	102°59′14″	38°34′51″	2.5828
11	耕地（宋春良地）	102°59′07″	38°34′46″	2.6886
12	弃耕地（二坝湖）	102°59′44″	38°34′32″	0.3944
13	沙蒿群落（扎子沟小沙丘）	102°49′57″	38°14′37″	0.2743
14	沙蒿群落（扎子沟大沙丘）	102°49′56″	38°14′44″	0.3798
取样日期：	2013 年 7 月 28 日			
取 样 人：	***			
取样深度：	30 cm			
测定方法：	烘干称重法			
称 样 人：	***	记录人：		***

☞ **定位观测的要求**

首先，什么是定位观测？所谓定位观测，就是固定具体的观测位置，

在观测位置上设置固定标记,如埋设固定桩号等,每次在同一个位置观测,它是一种针对环境或植被的长期观测的基本方法。定位的位,可能是一个点,也可能是一个调查样方。除了定位观测外,还有一种叫做半定位,所谓半定位观测则是相对定位观测而言的,一方面,它的位置是没有固定标记的,下一次观测时根据记录的参照物找到观测的位置,现在用GPS定位就更精确一些。另一方面是指它的观测取样时间可以是不连续的。定株观测也是植物定位观测的一种,但多用于植物的物候观测。

定位观测需要设置固定样方,并的样方四周埋设水泥桩。如果样方内有小校方,则桩号应埋设在小样方的四周。

定位观测的目的意义:

定位观测的目的是观测记录连续多年的变化趋势,因此,观测的时间越长则意义越大。据报道,国外曾有观测记录了 100 多年的树木样株。

定位观测的精度原则:

由于是定位观测,则观测的精度就显得尤为重要。在干旱荒漠地区,自然条件严酷,植被状况和植物的生长受气候环境条件影响很大,尤其是降水量,且干旱荒漠区的植被稀疏,植物的枝条也稀疏且很不规则,如果观测精度不够,就会出现观测误差大于气候环境变化引起的差异,其结果是植被盖度的多年波动与气候环境(尤其是降水量)的波动无关,这样就失去了观测的意义。因此,在设置定位观测样方前,一定要制订详细的观测记录标准,严格按照观测记录标准进行操作,这样才能有效降低观测误差。定位观测的精度原则是:观测误差必须小于气候环境引起的差异。

定位观测的目的方法及要求:

上面我们已经提及,在设置定位观测样方、样点之前,首先制订观测记录和统计标准。以下是笔者多年从事定位观测时注意到的几个容易出现的问题:

1)元数据:前面我们已经讨论了元数据,这里需要说明的是,不同环境条件下的不同的调查,其元数据是不一样的。定位样方的部分元数据如样方的位置(经纬度)、调查方法等一些不需要每次都调查的信息可按前一次调查的记录直接记注。但如果遇到特殊情况时,必须标记说明。

2)标记图:荒漠区尤其是沙漠中植被稀疏,群落的优势种一般只有1个或1~2个,在标注图中只对乔木(如果有的话)和灌木进行作标注。作标注图,一方面可以记录下乔木和灌木在样方中的的进与出,另一方面,还可以记录下植物群丛(如白刺、泡泡刺等)和沙丘的位移。下图上笔者曾为"甘肃民勤荒漠草地生态系统科学观测研究站"设计的植物定

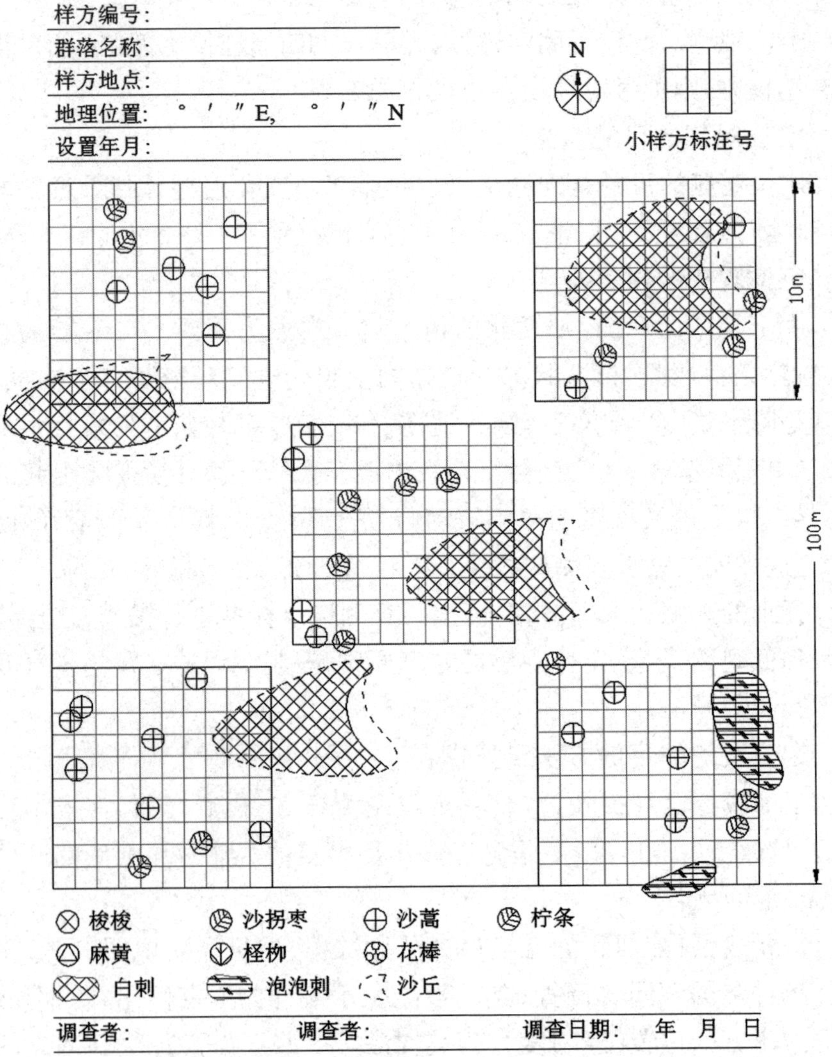

图18 植物定位观测样方标注图例

位样方观测标注图,并在图中规定了常见灌木(梭梭为小乔木或大灌木)和沙丘的图例。

3)压线植株:对于压在样方线上的乔木或灌木,必须按全株调查,记录时要注明植株在样方内所占的冠幅比例(或百分比)。

4)观测人员:定位样方(样点、样株)的观测人员要相对固定。调查人员变动性大是造成定位观测误差大的一个主要原因。倘若设置的观测样方过多,调查人员就很难固定,如果每次调查时到处抽调人员顶替观测,就很难保证调查观测结果准确性,其多年的波动趋势只是调查的误差波动,并不是植被随气候环境变化的波动。

☞ 沙旱生植物适应干旱的对策

一般在严重缺水和强烈光照下生长的植物,植株往往变得粗壮矮化。地上部分发育种种防止过分失水的结构,而地下根系则深入土层,或者形成了储水的地下器官。另一方面,茎干上的叶子变小或退休以后,幼枝或幼茎就替代叶子的作用,在它们的皮层细胞或其他组织中储藏有丰富的叶绿体,进行光合作用。

沙漠地区的很多木本植物,由于长期适应干旱的结果,多成灌木丛,这在沙漠上生长有很多优越性。许多生长在盐碱地的所谓盐生植物,或旱生—盐生植物,由于生理上缺水,也同样显出一般旱生的结构。

沙旱生植物适应干旱的对策主要表现在根、茎和叶三个方面:

根的适应对策:

旱生植物很多是深根性的根系,即旱生植物有较高的根/茎比率。有的主根的生长可以很深,例如有种滨藜(*Atriplex sp*)地上的茎杆虽然只有 1~2m 高,但其主根却可深达 4~5m。据说牧豆树(*Prosopis*)和骆驼刺(*Alhagi*)的主根竟可深达 20m。

根系有不同程度的肉质化,这种肉质化主要是一些薄壁细胞的增加,而并不是单纯皮层部分的增加。根的皮层层数反而减少。有人认为这样可以使中柱与土壤更为接近。有些旱生植物中还可以发现皮层中分布有石细胞,但对它们的生理功能还不清楚。内皮层细胞壁加厚,凯氏带(环绕在内皮层径向壁和横向壁上,具栓质化和木质化带状增厚的壁结构)变宽。凯氏带的变宽,似与旱生的性状有一定的关系。极端的情况,凯氏带可以整个包围了内皮层细胞的径向壁和横向壁,例如白刺(*Nitraria retusa*)。

沙生植物往往形成分离的维管柱。这是由于木栓层的形成,或维管束之间皮层薄壁细胞的坏死,隔开了维管组织的结果。相对而言木质部比较发达,这可能更有效地输送水份。

茎的适应对策:

茎是地上的重要部分,经受干旱的影响,远比根部显著,也比较容易观察,它们在形态解剖上的变化是:

沙漠里生长的多年生植物的叶子往往非常退化,例如有些具节的蓼科植物,各种沙拐枣(*Calligonum sp.*)就是一个显著的例子,或者它们在漫长的旱季开始前就脱落了。有些旱生植物,例如蒿(*Artemisia sp.*)、红沙(*Reaumuria sp.*)、滨藜和一种木石竹(*Cymnocarpos fruticosus*),在旱季的时候,脱落后的叶子,可代之以一些形状较小的,更为旱生性的叶子。有些植物,例如一种霸王(*Zygophyllum dumosum*),在旱季小叶脱落以后,含有叶绿体的叶柄仍可保留下来,进行光合作用。幼枝代替了叶子的功能,例如各种梭梭(*Haloxylon sp.*)(下图)和沙拐枣(*Calligonum spp.*),茎上已不发育出叶片(或有一些非常退化的鳞片叶,下图),却在幼小的绿色枝条上进行光合作用,形成所谓同化茎。有的这些枝条以后也可能脱落。有些沙漠植物的枝条,在干旱季节可以及时枯死,以减少水分的蒸发,同时使植物体内需水的程度减到最低限度,但是一到雨季,它们又能够迅速长出新的枝条。

沙生植物,特别是沙生灌木,常可看到的一种特征,就是形成分裂的茎。例如一种蒿(*Artemisia herba- alba*),骆驼蓬(*Peganum harmala*)和一种霸王(*Zygophyllum dumosum*)的茎部都可以裂开成几部分。分裂形成的几个分开部分,由于所遇到的小生境的条件可能不同,因此,有的干死了,而有的却可能存活下来,继续生长。

旱生植物的皮层和中柱的比率较大,茎中的皮层要比中生植物的宽,而维管束则较紧密,围绕着窄小的髓。这种构造可能是一种适应机制,特别是在木栓层形成以前,厚的皮层可能与保护维管组织免受干旱有关。旱生植物茎中皮层的厚度增加与根中皮层层数的减少,形成鲜明的对比。有些具节的藜科植物,例如假木贼(*Anabasis sp.*)和梭梭,皮层肉质化,并能进行光合作用。到了夏天十分干旱时,可逐渐剥落,而在韧皮部薄壁细胞中产生出木栓层,保护了内部的维管组织。

　　有些沙生植物,茎中除了有光合作用的绿色组织以外,还发育出储水的薄壁组织。这种茎通常表现为肉质化,细胞内有胶体物质和结晶(下图)。

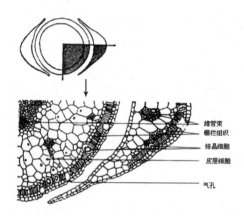

维管束
栅栏组织
结晶细胞
皮层细胞
气孔

图 19　梭梭幼苗和鳞片叶的横切面图

　　有些无叶而由幼茎进行光合作用的植物,茎上的气孔器的开口可能堵塞了,或者保卫细胞的细胞壁增厚到好像不开放的样子。

　　没有肉质皮层的一些旱生植物,例如有种滨藜和霸王,最初形成的周皮,深入内部,是由位于茎部较里面的韧皮部薄壁组织所发育。这可能也是一种旱生的适应机制。

　　有些沙生灌木,例如蒿,在每年木质部增生的近末期时(就是每年生长年轮快终了时),茎中往往发生出一轮"木质部间木栓环"。莫斯(1940)指出,这种特点有非常重要的适应价值,可以减少水分的丧失,并且可以把上升水分限制到有作用的次生木质部的狭窄区域。

　　旱生植物的形成层活动有年节奏性,这种节奏远比中生植物严格,一般多随当地雨季的来临而开始活动,一进入旱季,活动随即停止。但据报道,在地中海东部沙漠地区有些植物,每年形成层的活动可有二个高峰。

大多数在沙漠生长的植物,边材的木纤维和纤维管胞,可含有原生质体和储藏物质,仍保持生活的状态。这二种细胞的作用很象木薄壁组织细胞和射线细胞。据报道,在白刺和沙拐枣上都可看到这类生活的木纤维。中生植物的木纤维和纤维管胞都是已失去原生质体而无生命的细胞,但是在沙生植物中却报道有生活的木纤维的存在,因此,这一直是植物解剖学上的一个争论的问题。

叶的适应对策:

叶子是有花植物的一种主要进行蒸腾作用的器官,所以旱生植物的叶子为了减少蒸腾,其相适应的结构变化最为明显,这在上一世纪已引起了很多植物学家们的注意,马克西莫夫(1925,1931)总结了前人的工作,指出生长在干旱地区的植物,在缺水条件下,蒸腾作用将减少到最低限度。如前面所说的,很多沙生植物的叶子已退化,或只有少数叶子存留,幼茎往往代替了叶子进行光合作用。

目前一般认为引起叶子表现出旱性,大致有三点:①水分的缺乏;②强烈的光照;③氮素的缺乏。沙漠地区生长的植物,常常缺乏这三者,因此叶子的旱性结构也表现得最为突出。这样叶子重要的形态和结构变化,约有下列一些方面:

叶子具有旱性结构的最显著特征,就是叶表面积和它的体积的比例减小。很多工作者还指出叶子外表面的减少,往往伴有某些内部结构的改变,例如叶子细胞变小,细胞壁增厚,维管系统密度的增大,栅栏组织的发育增加,海绵组织相应减少,因此光合作用的能力也随之增加。

叶子体积的减少,相应的可以减少蒸腾作用,但是在有些植物,叶子体积变小之后,植株上叶子的数目,却反而增加了。这样,总的表面积反而变大。例如某些松柏类叶子的总面积,能比许多双子叶植物的更大。

一般认为旱生植物的气孔的密度增加,也是一种特征。这种增加,可能是由于叶面积减少之后相对增多的结果。旱生植物气孔密度的增加,还可等待水分供应充足时,增加气体的交换,提高光合作用的效率。还有一些旱生植物,气孔深入在表皮内,可形成下陷的气孔窝,窝内或沟内覆盖有表皮毛,例如夹竹桃。

很多作者认为叶子上如果气孔开放时,叶子上即使有表皮毛和蜡质,并不能抑制多少蒸腾作用。如果气孔关闭,这些结构就能发挥重要的保护作用。福尔根(1887)在九十多年前就已指出,有些沙漠植物进行光合作用的叶和茎上的气孔,在夏天炎热季节,常常变成长久的关闭。这样就在干旱地区,可使绿色的部分不至于失水太多而枯死。这些关闭的气孔器的保卫细胞的细胞壁,还会额外增厚和角质化。或者单纯增加保卫细胞壁的厚度,例如我国沙漠地区所产的假木贼(*Anabasis articulata*)及其他有关的一些种,到了炎热夏天,气孔保卫细胞的细胞壁显著加厚。

旱生植物的叶子上常有浓密的表皮毛或白色的蜡质,例如一种沙枣(*Elaeagnus ploarcroftii*)。这可能与减低蒸腾作用和反射强光有关系。但是希尔兹(1950)认为生活的表皮毛,本身要丧失很多的水分,所以并不能保护植物的过度蒸腾,只有到了表皮毛死亡以后.在叶子表面形成一个覆盖层,才能够减低叶子的蒸腾。

旱生植物的叶子也常含有树脂或单宁,或其他一些胶体物质。很早就认为这些物质的主要作用是阻碍水分的流动。另外,例如小酸模(*Rumex acetosella*),在干旱条件下,叶子表皮层和围绕叶脉的细胞内,可形成树脂滴或油滴,用来阻碍水分的流动。地中海有些栎树的叶子,具有单宁和树脂,可能也有同样的作用。还有的叶子中可具有香精油,遇到干旱,其挥发的蒸气可以减低水分的蒸腾速率。

叶子中水分的输导,不仅依靠叶脉和维管束鞘伸展区,而且也经由叶肉细胞和表皮层。近年发现在叶子中有共质的和离质的二种运输类型以后,这种叶肉细胞内含有的这些物质,显出有更重要的意义。

水分在叶子内的输导,经过栅栏组织到表皮层远比经过海绵组织的多。同时和栅栏组织细胞的排列有很大的关系。有些圆形或近圆形的旱生叶子,栅栏组织细胞辐射状的排列在中央维管束的周围,因此在水分供应适宜的时候,从维管束输导水分到表皮层可以大为增强。

叶子内的细胞间隙,特别是栅栏组织细胞之间的胞间隙,往往限制了叶内横向之间(平皮面之间)的水分运输。旱生植物的叶中,胞间隙一般比中生植物的小而少。但是叶子的内自由表面和它的外自由表面的比例,在阴生叶中反而较小,旱生植物中反而较大。例如中生植物的安息香,比率为 8.91,而旱生植物的洋橄榄和巴勒士登栎($Quercus\ calliprinos$)分别为 17.95 和 18.52。内自由表面的增加是由于栅栏组织更为发达的缘故。因此,栅栏组织的增加,除了增强了光合作用的活动,而且在水分供应适宜时,也增加了旱生植物的蒸腾效率。

有些旱生植物的叶子,还有很发达的储水组织,形成肉质化的叶子。这种储水组织

通常由大型的细胞组成,其中含有大液泡,渗透压较高,或者还具有粘液。例如豆科中的花棒($Hedysarum\ scoparium$)叶子内有很多含胶细胞,但是它们的作用是否单纯的只是储藏水分,还不很清楚。这些细胞有一层薄的细胞质,衬在细胞壁内,其中还可以看到散生的叶绿体。一般具有光合作用的细胞的渗透压,较高于没有光合作用的细胞,当缺乏水分时,它们可从储水细胞中获得水分。其结果,薄壁的储水细胞皱缩,但在合适的水分供应下,又可恢复到原来状态。

旱生植物的叶脉中常常可看到短管胞增加和一些石细胞。在盐角草($Salicornia$)退化的叶子中,栅栏细胞之间很容易看到宽短的管胞状细胞。对于这些细胞的作用,不同的观察者有不同的解释:最早认为它们的内部充满了空气,后来或认为这些细胞可以运输水分到周围层,或认为这些管胞状细胞只有一种储水的作用。另外,叶肉组织中还可能散布有管胞状异细胞。

叶子内卷也是一种旱生植物叶子的抗旱方式,特别在禾草类(如针茅)中可以看到。禾草类叶子特具许多泡状细胞(或叫运动细胞),当遇到非常干旱时,由于这种泡状细胞的作用和(或)其他表皮细胞与薄壁的或厚壁的叶肉组织细胞结合,可使叶子内卷。

另一方面,普通旱生植物的叶子也常具有大量的厚壁组织,并可有很大的机械强度,这被认为可以减低萎蔫时的损伤,沙漠地区生长的植物常具有这种特征。

总之,通常生长在干旱的环境,植物可表现出各种旱生的特征。但是对于有些植物就不一定完全适用,例如夹竹桃,平常也可生长在潮湿、水分充足的地区,但是却具有很多旱生的形态和结构特征。又如扁

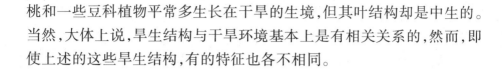

桃和一些豆科植物平常多生长在干旱的生境,但其叶结构却是中生的。当然,大体上说,旱生结构与干旱环境基本上是有相关关系的,然而,即使上述的这些旱生结构,有的特征也各不相同。

☞ 植物固沙的优点

目前,防风固沙的材料已经有许多,大体可分为生物措施、非生物措施和封护措施三类。生物措施中最主要的是植物措施;非生物措施包括材料的各种沙障;封护措施中也包括了生物措施和非生物措施。

植物措施,即造林治沙,与其他措施相比,最大的优点是植物利用消耗太阳能。沙漠地区大面积沙面裸露,沙子的比热小,太阳辐射后容易使得沙面增温,每年春季,易形成以沙漠为中心的高温低压区,与西伯利亚的低温高压区形成气压梯度,由此可导致沙尘暴,或与周围高山低温高压区形成气压梯度,导致风沙流。众所周知,植物在进行光合作用的过程中,能消耗太阳能。植物还能通过蒸腾作用调节气温,形成群落的小气候环境。

其次,在条件许可时,植物还具有更新繁殖能力。要实现人工固沙林的自然更新,一是要选择耐旱的沙生植物,二是需要提供灌溉条件,这些植物就能够自然繁殖、更新,而非生物措施则不能。这里需要说明的是,目前我们在干旱沙漠地区的人工造林一般都是不能进行自然更新的,比如在民勤沙区以及整个河西走廊沙区,人工造林植物种主要有梭梭、沙拐枣、毛条、花棒等,由于无法提供人工灌溉,因而这些植物一般都不能实现自然更新。

再次,植物还能够根据土壤水分,自然调节植株密度和枝叶密度,调节土壤水分平衡,而其他固沙措施则不能(见下表)。

表4　植物防风固沙功能与其他措施比较

功　能	生物措施		非生物措施		封护措施
	植物措施	柴草沙障	砾石沙障	塑料沙障	
防风固沙	√	√	√	√	√
降低沙面温度	√				
自然更新	√				√
调节小气候	√				√
减少沙面蒸发	√		√	√	
消耗沙层水分	√				√

☞ 造林治沙的适用范围

我国有8大沙漠,即自西至东依次为塔克拉玛干沙漠、古尔班通古特沙漠、库姆塔克沙漠、柴达木沙漠、巴丹吉林沙漠、腾格里沙漠、乌兰布和沙漠和库布齐沙漠,这些沙漠均分布在西北地区降水量低于200 mm的干旱区(见下图)。按照植被的降水分割线:年降水量少于200毫米,天然植被为荒漠,有水源处才有绿洲农业。

荒漠植被以旱生或超旱生半乔木、灌木、半灌木及旱生的肉质植物为主组成的稀疏植被类型。由于气候干旱,温差大,风沙多,土地贫瘠,质地粗,强度盐渍化,降水稀少,蒸发强烈。因此,植物种类贫乏,植被稀疏,地表大面积裸露。

水分是干旱荒漠区众多生态环境因子中的主导因子,水资源的储量、分布和变化决定着荒漠植被的分布和变化。在沙漠地区限制植物生长的关键因子是土壤水分,而土壤水分的来源有以下3种途径:一是降水,二是地表水,三是地下水。沙漠地区也有一定储量的地下水,局部地方也有地表河流,因而形成了绿洲。然而,沙漠中的绿洲,历经多年开发,由于降水稀少,地表水贫乏,则开采地下水,地下水位一般都较深,如在民勤沙区,绿洲区地下水位已下降至20m以下,地下水位形成了以绿洲为中心的大漏斗,植物早已无法利用地下水。

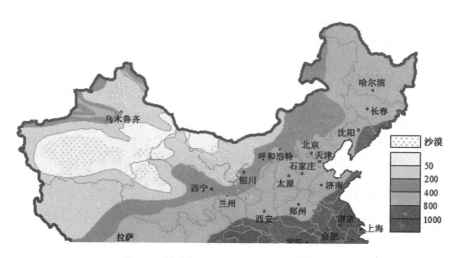

图20 中国陆地降水量与沙漠分布图

造林治沙一般发生在绿洲外围,这一区域的植物完全依靠降水生存。造林防沙治沙,则需要搞清楚以下几点:其一,哪些植物能在降水量200mm 以下的沙漠地区仅仅依靠降水生存? 其次,在降水量 200mm 以下哪些植物必须依靠灌溉生存? 再次,为什么在一些地下水位较深的绿洲边缘的人工固沙林衰退死亡?另外,由于营造乔木农田防护林而增加的农业收益和由于增加的水分消耗从生态—经济的角度衡量哪个更合理?

关于第一个问题:这方面更具体的研究报道有许多,更为直接的证据便是在这些环境条件下天然分布的植物。有人还测定过沙漠土壤种子库,证明限制沙漠中植物分布的原因不是缺少种子,而是土壤水分。民勤地区多年平均降水量为 116.4mm,2002 年降水达到了174.4mm,笔者曾在《中国绿色时报》上撰文:民勤沙区植被盖度增加超过了 50 余年来人工固沙造林保存盖度的总和。关于第二个问题:虽然在新疆、内蒙古西部以及河西走廊沙区的荒漠河岸、古河床上还有残存的天然胡杨(乔木),在民勤的个别地方也有残存的天然梭梭(小乔木或大灌木)。所以,在降水量 200mm 以下的沙漠地区,种植乔木必须借助于灌溉。关于第三个问题在别的章节中已有解释,那就是造林后,随着林木的成长耗水量逐年增大,当沙丘中储存的水分不能满足林木生存、生长的需要时,植被开始衰退、死亡。至于第四个问题是一个尚待研究回答的问题,但在沙漠公路沿线营造乔木(包括灌木)林带肯定是不科学的。

☞ 治沙的可能性与造林治沙的条件

我们通常说的"固沙",就是把当地的流沙固定住,不让其风蚀,不让其流动。"阻沙"的含义则是阻止流沙经过,即截留过境流沙。当然,从大的方面还可以理解为阻止沙漠漫延,阻止沙漠化的进程。

不论是植物还是机械沙障,既有固定就地流沙的功能,也有阻止、截留过境流沙的功能。很显然,要彻底固定流沙就必须全面固定沙漠,根除沙漠中的流沙;阻沙也会形成流沙大量堆积,形成新的沙源。1991年联合国环境署公布全球荒漠化面积为 $3592×10^4$ km²,占全球陆地面积的 1/4。我国现有荒漠化土地 $263.37×10^4$ km²,占国土面积的 27.43%。目前我们的防沙治沙仅仅是在沙漠边缘即绿洲外围实施,据媒体报道,截至 1994 年我国在西北沙漠中已营造防风固沙林保存面积 $110×10^4$ hm²,仅为沙漠面积的 0.4%。由此可见,造林固沙的能力是很有限的。

建造沙漠人工植物群落或者植被种群,至少应该具备两个方面的条件:一是种源,即必需的物种来源。二是生境条件,主要包括气温、水分、日照和土壤条件等。在干旱荒漠生态环境的众多因子中,水分因子是主导因子,水资源的储量及其变化决定着荒漠生态环境的变化。一般情况下,沙漠地区存在地下水位较深、降雨量小、蒸发量大等特点。如甘肃河西沙区除中段黑河中下游外,其余地下水位多深达 20~50m,民勤沙漠边缘在 20m 左右;沙漠地区的降雨量,如塔克拉玛干沙漠多年平均降水量只有 25~40 mm,库姆达格沙漠只有 10~30 mm,巴丹吉林沙漠 30~100 mm,腾格里沙漠 100~200 mm,甘肃河西走廊自西至东降水量在 36.8(敦煌) ~116.5 mm(民勤)之间;我国 78.4%的沙漠其干燥度在 7~60,而蒸发强烈,如塔克拉玛干沙漠年蒸发量可达 7400 mm。水分条件不仅是干旱荒漠生态系统中的主导因子,而且还是沙漠地区植物生存最小限制因子。例如在民勤沙区造林固沙,由于水分条件限制,人工固沙林初植几年生长旺盛,之后随着植物长大耗水量增加,就开始自然稀疏,生长不良甚至衰败死亡。造林治沙,造了死,死了再造,土壤水分条件更差,直

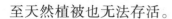

至天然植被也无法存活。

☞ "斯大林改造大自然计划"的启示

前苏联欧洲部分的草原地带由于过度开垦和乱砍滥伐导致自然灾害频发,斯大林于 1948 年提出了"斯大林改造大自然计划",这个以营造防护林带为主框架的宏伟措施规定,在苏联欧洲部分的南部和东南部的分水岭和河流两岸营造大型的国家防护林带系统,在农场和集体农庄的田间,营造防护林,绿化固定沙地。计划用 17 年时间(1949~1965 年),营造各种防护林 $570×10^4 hm^2$,营造 8 条总长 5320km 的大型国家防护林带。该工程的规模已经超过了美国的"罗斯福工程"。1949~1953 年,该工程营建防护林 $287×10^4 hm^2$,1954 年后逐渐终止营造计划,到 60 年代末,保存下来的防护林面积只有当初造林面积的 2%。苏联哈萨克、高加索、西伯利亚、伏尔加河沿岸等地区依旧沙尘暴频仍,并同时发生白风暴(含盐尘的风暴)。

北非 5 国的"绿色坝工程"。为防止撒哈拉沙漠的不断北侵,1970 年,以阿尔及利亚为主体的北非五国决定用 20 年的时间(1970~1990 年),在东西长 1500km,南北宽 20~40km 的范围内营造各种防护林 $300×10^4 hm^2$。其基本内容是通过造林种草,建设一条横贯北非国家的绿色植物带,以阻止撒哈拉沙漠的进一步扩展或土地沙漠化。到 20 世纪 80 年代中期,植树超过了 $70×10^8$ 株,面积达 $35×10^4 hm^2$。后来,北非五国加快造林速度,到 1990 年,已营造人工林 $60×10^4 hm^2$。由于没有弄清当地的水资源状况和环境承载力,盲目用集约化方式搞高强度的生态建设,沙漠依然在向北扩展,平均每年造林的成本是 1 亿美元,现在该国每年损失的林地超过造林面积。号称世界级造林工程。但由于缺少水资源很快变成了"纸上的防护林"。

☞ 沙障固沙的利与弊

我国最早的沙障起源于民间的防沙治沙,如民勤沙区"土埋沙丘"、

"泥漫沙丘"等固沙技术,1959年民勤治沙综合试验站成立后,在总结当地群众防沙固沙经验的基础上,首创了黏土沙障固沙技术,20世纪60年代初期开始在河西沙区以及西北广大沙区推广应用,这项技术与沙丘梭梭造林技术于1978年获得了全国科学大会奖。

在民勤沙区还有"以柴草插风墙"的固沙技术,这就是我国柴草沙障的雏形。1957前苏联专家彼得洛夫在宁夏沙坡头地区设计使用草方格柴草沙障,之后迅速在西北沙区推广应用。

现在沙障的种类已有很多,常用的有:按类型分,有平铺式沙障、低立式沙障、高立式沙障等;按材料分,有黏土沙障、柴草沙障、砾石沙障、沥青毡沙障、塑料沙障、空心砖等等(见下图)。

低立式麦草沙障
高立式稻草沙障
低立式麦草沙障
高立式稻草沙障
高立式柴草沙障
高立式棉花秆沙障

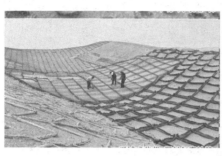

图 21　各种沙障照片

沙障的固沙功能：

可分为两种，一种是固定式，另一种积沙式。平铺式沙障和低立式沙障的固沙功能是固定就地流沙，如黏土沙障、麦草沙障、砾石沙障。高立式沙障不仅能固定就地流沙，还能阻截屯积过境流沙，且高立式沙障的高度超高、障间距越小，期间屯积过境流沙的量越大。

低立式沙障经过一段时间的风蚀和积沙后，就会在障间形成一个稳定的凹曲面（黏土沙障蚀积系数示意图）。如果用 l 表示两沙障间的平均坡面的距离，以 $h\cos\alpha$ 表示沙障垂直坡面的高度，则将 $h\cos\alpha/l$ 称作蚀积系数，这个蚀积系数是在自然状态下形成的一个恒定值。一般的研究认为，黏土沙障的蚀积系数为 1/10，最大为 1/12。在民勤沙区，黏土沙障的间距一般为 2~3m，沙障高 0.3m。笔者对民勤沙区 28 个黏土沙障样方的测定分析结果为，平均蚀积系数 1/13.6，最大 1/11.6。

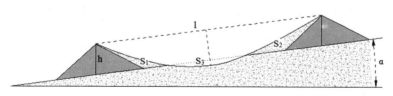

图 22　黏土沙障蚀积系数示意图

由于在同一个地区的环境条件下，沙障的蚀积系数是恒定的。因此，当沙障垂直坡面高度（$h\cos\alpha$）与障间斜距之比>蚀积系数时，障间只有积沙而无风蚀；当沙障垂直坡面高度与障间的斜距之比<蚀积系数时，障间既有风蚀又有积沙。若用 S 曲表示障间横断面凹曲面面积，用 S_1 和 S_2 分别表示障后障前积沙横断面面积，S_3 表示风蚀曲面面积，S 障表示沙

第一部分　认识

障横断面面积,则当障间风蚀沙量等于积沙量时,即 $S_1+S_2=S_3$ 时,则有

$$S_曲=h\cos\alpha-S_障$$

因此,低立式沙障越高,障间距越小,单位面积上屯积外来沙粒的量就越大。要想屯积外来流沙,就需要设法增加沙障的高度和缩小沙障间距。

沙障固沙的优缺点:

沙障固沙的优点主要是不消耗沙漠地区有限的水资源,但粘土沙障除外。缺点:一是沙障与植物相比不进行光合作用和蒸腾作用,不消耗太阳辐射能, 即在消耗沙尘暴形成的热力效应方面不具备植物固沙的功能。二是粘土沙障易形成结皮,阻止降水下渗,会使得沙漠地区有限的降水被截留在沙丘表现很快蒸发损耗。三是因所用的材料不同,可能造成不同程度的污染。

选取沙障材料时需要注意的问题:

沙漠地区易发生沙尘暴的原因除了有丰富的沙尘源之外,还有个很重要的因素就是沙粒的比热容较小,接收太阳辐射后能很快增温,并将热量辐射到大气中,这样就有利于沙尘暴的形成和加剧(见"认识沙尘暴")。因此,在选用沙障材料时,除了要考虑成本、寿命、污染等因素外,还应当考虑材料的比热容,否则就会事与愿违了。

下表(不同沙障材料的比热容表)是一些已有的或可用于沙障的材料比热容。在选择沙障材料时,应尽可能选用比热容高的和颜色浅的材料,比热容越小的材料越有利于空气增温,即有助于沙尘暴的形成和加剧。

表5 不同沙障材料的比热容表

材 料	比热容($kj\cdot kg^{-1}℃^{-1}$)	材 料	比热容($kj\cdot kg^{-1}℃^{-1}$)
水	4.20	铝	0.96
木材	3.77	砖墙	0.92
沥青	2.16	陶瓷	0.84
硫化橡胶	1.74	干粘土	0.84
纸	1.88	砂、沙	0.80
尼龙66	1.67	砾石、砖石	0.75
ABS合成树脂	1.59	钢	0.46
聚苯乙烯系塑料	1.34	铁	0.45
聚苯乙烯	1.30	尼龙	0.17

☞ 50 多年防沙治沙得与失

从 1958 年 10 月召开"内蒙古及西北五省(区)治沙规划会议"到今天,我国的防沙固沙工作已经走过了 50 多年创建、探索和发展之路。

1958 年,在前苏联专家彼得诺夫的指导下,在宁夏沙坡头采用柴草沙障固沙;20 世纪 60 年代初,民勤治沙综合试验站首创了黏土沙障固沙技术,同时从新疆准葛尔地区引进梭梭进行沙丘造林获得成功,从此在甘肃河西沙区和西北沙区大面积推广;20 世纪 70 年代至 80 年代初,改变以往营造乔木林的做法为营造灌木林为主造林固沙;20 世纪末本世纪初,又改变以往以造林治沙为主的防沙固沙模式为以封育为主。

从 1958 年的沙漠考察到今天,我国的防沙事业至少已经经历了三代人的努力。过去 50 多年来我们的每一个尝试,包括失败的尝试,都是有价值的。

然而,我们有必要认真总结我们过去 56 年的得与失,这并不是否定前人的努力,相反,而是要明确过去我们的那些做法是正确的,是应当继续和加强的;哪些做法被实践证明是不正确的,是应当放弃的;今后的沙漠化防治主要应当朝哪些方向努力。只有勇于总结得与失,才能继续前进。应当说,这要比开展一个大规模的沙漠化防治项目更为重要、更为必要。

❈ 出现的问题

问题之一:地下水位下降,植被大面积退化

植物固沙是最主要的防风固沙措施,但由于地下水位下降,固沙植被大面积衰退,荒漠草场沙化,这一现象在西北、内蒙古各沙区普遍发生。甘肃河西石羊河流域下游民勤县是我国最严重的荒漠地区之一,由于大量超采地下水资源和上游来水量减少,地下下水位持续下降,从20 世纪 60 年代初期的 2m 左右已下降到 2010 年的 25m 左右。由于地下水位下降,植被大面积衰退,植被盖度和植株密度降低。民勤沙区现有 7.3×10^4 hm² 白刺,其中盖度<30%的占 67.7%,盖度<10%的占 17.5%。20 世纪 80 年代初境内有 372.6hm² 胡杨林,目前已消失殆尽,境内荒漠草

场大面积衰退。由于地下水植物已无法利用,荒漠植物盖度随年际降水量变化明显,植被在随年际降水量变化的波动中退化。民勤县的生态退化已经引起了党中央国务院的高度重视。在塔里木河流域,由于上游来水量不断减少,加之上、中游耗水量的增加引起下游来水量的大幅度减少,造成下游河道断流321km,尾闾湖泊干涸,地下水位下降,天然植被衰败,沙漠化过程加剧,郁闭度≥0.2的胡杨林面积20世纪50年代末为540km²,到70年代时减少为164km²,至80年代只保存有52km²。内蒙古呼和浩特等地也因地下水位下降,林地退化。20世纪70年代初期以前科尔沁沙地草场春季地表普遍积水,产草量一般在3750 kg·hm⁻²以上。80年代末期除了个别降水多的年份排水沟中已经没有流水,草场的有效面积逐渐减少,植物种类、密度及产草量普遍下降。

问题之二:造林治固,事倍功半

营造防风固沙林是半个多世纪以来运用最广泛的防风固沙措施之一,至1994年,我国在西北沙漠中已营造防风固沙林保存面积110×10⁴ hm²,甘肃河西沙区至2004年营造人工固沙灌木林保存面积28.0×10⁴ hm²。然而,在民勤沙区,20世纪六七十年代营造的人工固沙植被80年代以来大面积生长不良或衰退、死亡。

20世纪六七十年代民勤境内营造了大面积的人工固沙林,目前已有5800 hm²沙枣林枯梢和停止开花、结实,有300 hm²沙枣林已经完全枯死;有4.5×10⁴ hm²梭梭林,其中60%生长不良。梭梭被誉为是固沙造林的"先锋树种",民勤治沙综合试验站1959年从新疆准葛地区引种梭梭在沙丘造林获得成功后,开始在河西走廊及西北、内蒙古沙区大面积推广。当地多年平均降水量110cm左右,当地下水位下降至6~7m时梭梭开始衰败、死亡。梭梭林衰退、死亡的原因主要是地下水位下降、水分亏缺引起的。民勤沙漠边缘地下水位已下降至20 m左右,植物主要依靠降水生存,随着林龄增大,用水量增加,当土壤水分不能满足植物生长时,就开始自然稀疏,生长不良。20世纪80年代以来河西走廊沙区绿洲边缘人工固沙林和天然灌丛开始大面积衰退死亡。由于地下水位下降等原因,古尔班通古特沙漠的梭梭林也出现大面积稀疏退化。有些地方在沙漠边缘打井提取地下水造林,前面造林后面死,死了再造,"前

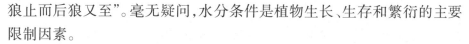

狼止而后狼又至"。毫无疑问,水分条件是植物生长、生存和繁衍的主要限制因素。

民勤县——曾一度是全国治沙先进县

民勤县地处甘肃河西石羊河下游,位于腾格里沙漠西部边缘,西北侧是巴丹吉林沙漠,境内沙漠、戈壁和低山残丘和盐碱滩地占境内总面积的 94.2%,其中沙漠占 55.03%。民勤县及整个河西走廊沙区从 1950 开始群众性的治沙造林活动,1956 年开始农田防护林的设计和营造试点,20 世纪 70 年代以前营造了杨树、沙枣等乔木防风固沙林,上世纪 70 年代后期以来以营造灌木固沙林为主,80 年代中期以前生态环境朝良性发展,1991 年在兰州召开的全国防沙治沙工作会议上,民勤县被授予全国治沙先进单位,成为防沙治沙战线上的一面旗帜。然而,80 年代中期以后生态环境朝恶性方向发展。主要表现为:一是地下水位急剧下降;二是植被大面积衰败、死亡,荒漠草场沙化;三是沙漠化速度加快,民勤县坝区、泉山区和湖区及其绿洲外围的荒漠过渡区,1998~2003 年仅 5 年间沙漠化面积增加了 4093.3 hm²,震惊中外的 1993 年"5·5"和 2010 年"4·24"沙尘暴均以民勤为沙尘暴中心。民勤县的生态退化已经引起了党中央和国务院的高度重视。2007 年国家投资 47 亿元解决石羊河流域生态退化。当然,民勤的生态环境退化原因是多方面的。然而,就在我们大规模防沙治沙的同时,生态环境退化、荒漠化加剧,这不得不引起我们对过去防沙治沙思路和方法的审视。

❈ **实践证明应当放弃什么?**

1)在依赖于地下水的干旱沙漠区营造固沙林。有的地方,地下水位已经下降至 20m 甚至更深,还有的在农田外围大面积造林治沙,或者搞什么的"几带一体",治沙造林,造了死,死了再造,"后狼止而前狼又至"。还有的地方在沙漠边缘、公路边缘营造"形象林",其结果,这样的"形象林"树起的却是反面的形象。

2)在农田外围、沙漠公路沿线营造乔木林。乔木形体相对高大,防御风的范围亦较大。然而,就一般而言,乔木对土壤、水分等环境的要求比灌木更为苛刻,耗水量大。有的地方,利用滴灌在没有农田的沙漠的公路两边营造乔木林,而不是把先进的节水设备用于灌溉用水量大的农田，其技术经济的合理性则是值得考虑的。

3）营造高密度的灌木林。在沙漠地区，有时因特殊原因，需要营造部分防护林，如重风沙口治理、护渠林、护路林、试验示范林等，但造林密度不宜过大，须知林分的衰退死亡过程和造林密度是显著正相关的。

4）严禁向沙漠化地区移民。过去我们的移民一般是从一个生态退化区或资源贫瘠区移到另一个开发区，但由于规划或者管理方面的原因，结果往往是开发一处，破坏一处。

✲ 实践证明应当坚持什么？

1）封育保护沙区植被。在沙漠化危害严重地区禁牧是正确的，当然，在条件较好的区域也可以适当进行季节性放牧，但要严格限制放牧强度。民勤县近些年实行禁牧，荒漠植被有了明显提高。

2）防治沙漠化必须和农业相结合。干旱荒漠区农业发必须坚持“以水分平衡为中心”的原则，不论是农业开发还是生态环境建设，自始至终要以节水为主线，水是干旱荒漠生态环境中众多环境因子中的主导因子，水资源的变化决定着其他环境因子以及整个荒漠生态环境的变化。

3）设置沙障是一种行之有效的固沙措施。沙障不消耗沙漠区的水资源，但的选择沙障材料时除了要考虑成本之外，还应注意选用比热容大和无污染的材料。

☞ 防沙固沙与农业灌溉的关系

防沙固沙工程一般设置在沙漠地区的绿洲边缘，而沙漠地区降水稀少（一般低于 200 mm），农业灌溉多用地下水，新疆的北疆地区地表水较丰富一点，但也要用大量地下水。而在民勤绿洲，除了一次冬水外，农业灌溉全靠地下水，农业区的地下水位从 20 世纪 50 年代的 1~3m已经下降为 20 m 以下。有历史资料记载，20 世纪 50 年代民勤西沙窝的植被盖度高度 20%~30%，目前的植被盖度只有 4%~6%。

当地表水不足以农田灌溉时，开始抽取地下水，地下水位下降，于是地下水位以农田灌溉区为中心形成漏斗状（下图）。持续抽取地下水，当地下水位下降至植物根系不能到达土壤毛管水上升高度范围内时，

第一部分 认识

农田外围植被只能依赖降水生存,而在漏斗边缘地下水位相对较高,可能部分边缘区域的植物还可用到地下水。地下水位持续下降,随着地下水位的漏斗面积越来越大、越深,农田边缘依赖降水生存的植被面积就越来越大。

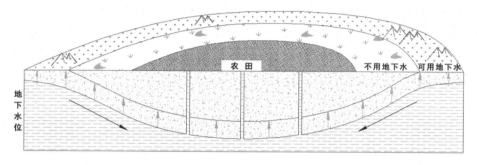

图23 地上植被与地下水的关系

农业大量提出地下水对周围荒漠植被的影响:①农田外围不用地下水(地下水位深到植物已经无法利用)的区域的面积越来越大;②随着农田外围不用地下水的区域的扩大,农田外围(不用地下水的区域和用地下水的区域)的植被总盖度下降;③随着植被总盖度的下降,空气温度相对增高,有助于形成沙尘暴(参见"认识沙尘暴")。但在这种情况下再提取地下水,对农田外围不用地下水区域的植被不再产生影响。

理论和实践反复告诉我们,由于土壤水分的限制,在农田外围不用地下水区域造林是徒劳的。一般在流动沙丘上造林时,由于沙丘有一定的水分储存,造林后的头几年林分长势很好,但当沙丘水分消耗到一定程度时,林分就会大量死亡,沙丘水分状况较造林前更差,残存的林木几乎起不了什么防护作用,这是其一。其二,在沙漠地区植物生存的限制因子是水分条件而不是种子,如果降水增加,植被盖度自然就会增加,亦即水分条件是限制植被盖度的关键因子。当然,在农田边缘利用灌溉渗漏水营造1~2行防护林是有必要的。

☞ 科学问题与技术问题的区别

我们在写项目申请书和写论文时经常要提炼科学问题,经常要区分什么是科学问题,什么是技术问题。那么,什么是科学问题,什么是技术问题呢?简言之,科学问题就是"是什么"的问题,技术问题就是"怎么做"的问题。比如飞机为什么能在天上飞行,苹果成熟后为什么会向下掉落等等,这里都是科学问题,在这里的"为什么"的问题就是其原因、机理"是什么"的问题。再比如,所有的木本植物都可以无性繁殖,这已经是定论了的。已知梭梭和沙拐枣都是木本植物,那么怎么进行梭梭和沙拐枣的无性繁殖呢?怎么才能使其繁殖速度更快、成活率更高呢?这就是技术问题,就是回答"怎么做","怎么做才更好、更有效"的问题。

《科学究竟是什么》(艾伦·查尔默斯尔著)一书中是这样描述的:科学问题可能更多的是一些不是实际的问题。科学家开展工作的过程就是描述和解释的过程,与其他行当的区别就在于,科学家描述和解释的方法在于观察与实验,它与宗教有着本质的区别。宗教用来描述和解释的方法是想象。所以培根的"实证法"被爱因斯坦认为是现代科学的两大支柱之一。可见,科学问题就是可以被实证的。人们在科学研究中,通过对科学背景知识的认真思索和分析,从中发现各种矛盾,它是现有人类认识未解决的矛盾,这种矛盾或疑难,就是科学所要研究的问题。

❋ **科学问题的来源**

科学问题的来源是多方面的,但归结起来,现代科学研究的科学问题主要来源于科学技术实践和社会生产实践。从科学技术实践中所提出的科学问题大多是科学自身发展中的问题。从社会生产实践中提出的科学问题大多是实用性或技术性问题。

来源之一:科学技术实践中的科学问题

从科学技术实践中所提出的科学问题主要是为获得现象和可观察事实的基本原理,对事物的特性、结构和相互关系进行分析而产生的问题,大致可根据问题的内容分为经验问题和理论问题两大类。

经验问题是指来源于经验认识中的问题,它体现着人们对经验事实或事实之间冲突的不解或疑难。科学技术实践中的经验问题的产生有以下几种基本情形:①寻求经验事实之间的联系并做出统一解释而产生的科学问题。②原有理论与新经验事实之间存在矛盾而提出的问题。③为了验证假说和新发现的事实而提出的问题。④从实验中的偶然发现、奇异现象等可以找到有价值的科学问题。理论问题是指存在于科学理论中的问题，其产生有以下几种基本情形：①多种假说之间的差别和对立。②科学理论内部存在的逻辑悖论或佯谬。③不同学科的理论体系之间的矛盾。④追求科学理论普适性和逻辑简单性而提出的科学问题。

来源之二：社会生产实践中提出的科学问题

从社会生产实践方面提出的科学问题往往产生于生产和实际生活的需要中提出某种特定的目标，而向科学征询实现它的可能性并把这种可能性转化为现实性的过程；或者为了确定基础研究成果的可能用途而探索它的现实性或如何实现的问题。这些问题虽然直接指向应用目的研究，但经过抽象、转化，同样有可能成为基础研究问题，因为这些问题的研究都离不开基础科学理论或受基础科学理论的启示，而且如果当时已有的基础科学理论满足不了它的需求时，或者在它的研究过程中发现新事实时，这样的应用研究就会大大推动基础科学的理论研究。从社会生产实践方面提出的科学问题既具有很强的应用性，又具有很强的基础性。由于现代科学研究越来越依靠国家和社会的支持，因此具有经济和社会目标的科学问题越来越成为科学问题的重要来源。

❋ 科学问题在科学研究中的作用

这里必须首先明确以下三点：①科学研究开始于科学问题；②科学问题推动科学研究的深入发展；③提出科学问题比解决科学问题更重要。解决一个科学问题也许仅是一个研究方法或实验手段上的技能而已，而提出新的科学问题，从新的角度去看旧的问题需要以坚实的知识储备为基础，需要创造性的想象力。

科学问题体现在科学研究中就是科研选题：①科研选题关系到科学研究的方向、目标和内容，具有战略意义。能否摸准科学发展的脉络，确定主攻方向，无论对一个国家的科学发展，还是对个人的科学研究成就，都是关键性的因素；②科研选题直接影响到科研的途径和方法，决定着科研成果的水平、价值和前途。科学史表明，具有开拓性和创造性的科研选题，能保证科研水平的提高，取得有价值的成果；而错误的选题，则往往造成不必要的浪费，甚至断送科学家的前途；③科研选题还直接影响到科学研究的工作环境。选题好，就会得到社会的广泛支持和援助。相反,那些漠视民生,只重视研究者个人兴趣,甚至违背整个社会价值取向的课题,注定没有前途。

世界著名杂志《连线》挑选出的目前存在的 10 大科学问题,供读者鉴赏:

1)时间是一种幻觉吗?

柏拉图认为时间是持续不断的,伽利略对这种观念表示怀疑,并计算出如何用图表进行表示,所以他能够在物理学领域做出重要的贡献。艾伯特·爱因斯坦说时间只是另一种尺度,是除了上下、左右、前后之外的第四维。爱因斯坦说,我们对于时间的理解是基于它与环境的关系。古怪之处在于,你行进的越快,时间就过的越慢。他的理论能够做出最根本的解释:过去、现在和将来仅仅是想象构成的,任何事都是由大脑创立的,并不会立即发生。

爱因斯坦统一的时空概念理论上行得通,但实际却很难办到。时间作为第四维,不像其他维那样——其中一个原因,我们只能沿着时间轴朝一个方向走。

2)受精卵是如何变成人的?

想象一下,你将 1 英寸宽的黑色方块放在一块空地上,突然这个方块开始自我复制,1 变 2,2 变 4,4 变 8,8 变 16……这些增殖扩散的方块开始形成一些建筑——围栏、拱门、墙壁、管道等。一些方块变成了电线、聚氯乙烯管道、钢筋建材、木头柱子,一些变成了墙板、镶板面、地毯和玻璃窗。电线开始自动连接成一张复杂无边的网络。最后,一幢 100 层高的摩天大楼拔地而起。

这就是受精卵变成人的一个形象比喻,但是,小方块怎么知道如何建造大楼呢?细胞怎么知道如何造人(或哺乳动物)呢?生物学家过去认为细胞的蛋白质以某种方式携带着造人的说明书,但现在看来,蛋白质更像建造人体大厦的砖砖瓦瓦,或是没有任何建造计划的泥瓦匠,不像携带着建造图纸的设计师。如何形成组织器官的方法一定被写在细胞的 DNA 上,但是还没有人知道如何将这些信息读取出来。

3)为什么我们需要睡眠?

"如果你偷懒打瞌睡,你就会失去很多",这是一个容易记住的习语,但是如果生命中没有睡眠的话,将是一件十分恐怖的事情。所有的哺乳动物都需要睡觉,如果剥夺睡眠,它们将会很快死去,比禁食死得更快。这是为什么呢?没有人知道答案。

显而易见,睡眠可以使身体得到休息,但是看电视不是也可以使身体得到休息么?看来这不能解释睡眠的必要性。一种主要的理论认为,我们清醒的时候,大脑中会不断产生某种致命的物质,越积越多,只有睡眠才能够将它们打扫干净;或者也能这么解释,大脑中有某种生存必须的物质,清醒时会逐渐被消耗掉,只有睡眠才能补充这种物质。这么解释的话,睡眠就有意义了。以第一种解释来分析,夜间,大脑进入休息状态,逐渐恢复能量,进入慢波睡眠状态。这时,大脑没有什么负担,可以集中进行垃圾清理工作。

4)为什么安慰剂会起作用?

托·韦格是哥伦比亚大学神经科学家,为了研究安慰剂的功效(现代医学最为神秘的一种现象),他用短促的电脉冲对实验者进行刺激。最近的一次实验中,韦格及其同事用刺激的方法对腕关节进行了 24 项测试。研究员将一种惰性奶油涂于实验者手腕上,告诉他们里面含有止痛剂,当科学家发出下一组脉冲时,8 项测试结果表明疼痛得到显著减少。平淡无奇的奶油就可以使强烈的电刺激效果变得缓和许多,那安慰剂作为现代医学最好的药物,又是怎么产生作用的呢?研究表明,在对因高血压和帕金森病引起的精神不振病人的实验中,30%~40%的病人在服用了假的安慰剂后称感觉良好。假安慰剂都能产生如此神效,真是另人难以相信。

最近一次研究,休斯敦退役军人医疗中心的医生们对一组患有关节炎的病人做了膝关节内窥镜手术,需要削去一些膝盖骨并去除膝关节积水;另一组假装做膝盖并进行包扎。结果疼痛报告显示结果一样。霍华德·波迪是得克萨斯州大学医学院的教授,并发表过相关方面的著作,他说:"据我看,安慰剂虽然不能起死回生,但大量的实验表明,安慰剂至少可以在一定程度上起作用。"

5)森林在减缓还是在加速全球变暖?

每个人都知道森林有助于环境的改善。树木在生长的过程中会吸收导致全球变暖的罪魁祸首二氧化碳,树木越大,数量越多其吸收二氧化碳的数量也就越多。所以森林是防止全球变暖的一个很好的调节剂。但尽管植物在大量吸收二氧化碳,但地球仍在不断升温。于是产生了这样一个悖论,未来,森林并不能减缓气候的变化,但随着森林不断遭受毁坏,全球变暖形式将变得更为严峻。

我们不知道以后将会怎样,因为我们对森林本身了解的太少。科学家估计,在所有物种中,有一半的物种生活于森林的这个三维迷宫的树冠层,其中的绝大部分在我们的视线之外。实际上没有说清楚在地球的任何一个地方,指定任何一个高度的 1 立方米的树冠层中生活有哪些物种。

佛罗里达州新学院的树冠科学家马格瑞特·罗曼说:"在你至少知道森林中生活有哪些物种后,你才能有可能知道更多有关森林的一般性问题。这不仅仅是给它们命名的问题。我们需要知道哪些是常见物种,哪些是稀有物种,这些物种在做什么,在弄清楚这些后我们才能进入下一阶段的研究,弄清森林和地球气候之间的交互关系。"

6)生命从何而来?

物竞天择,适者生存,自然选择学说解释了生物体为了适应环境的改变,是如何进化来而的。但达尔文的理论却不能解释第一个生物体是如何产生的,这在他看来是一个深深的谜团。是死气沉沉的,没有任何生命迹象的化合物最初创造了生命么?没有人知道。第一个生命体是如何被装配起来的呢? 大自然甚至连一点点微小的暗示都没有给出。

随着时间的流逝,这个谜团越藏越深。毕竟,如果原始的自然条件就可以创造生命的话,那么如今先进的实验室环境应该也能,或者应该非常容易地创造出生命,但是迄今为止所有的实验都以失败告终。国际殊荣诺贝尔奖和来自国际基因工程的 100 万美元的奖励正在等待研究员在实验室环境下创造生命,但至今仍无人问津。

一些研究人员认为,早期的地球环境存在某种神秘的物质,可以将化合物变成生命,但现在这种物质已经永远的消失了。也有一些研究员提出了与 RNA 有关的解释,一些含有 RNA 的物质先形成,再以其为模板制造 DNA,但这不能解释第一个 RNA 是哪里来的。

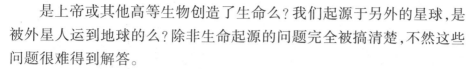

是上帝或其他高等生物创造了生命么？我们起源于另外的星球,是被外星人运到地球的么？除非生命起源的问题完全被搞清楚,不然这些问题很难得到解答。

7)冰河时代是如何出现的?

科学家称,小规模的冰河时期每 2 万~4 万年发生一次,大规模的每 10 万年左右发生一次。但他们并不知道其中原因。现行的 1920 年由塞尔维亚工程师米兰柯维奇提出的理论认为,地球轨道的不规则性改变了它所吸收能量的多少,导致地球突然冷却。虽然这个理论与短期冰河期发生的时间相吻合,但仍旧存在一个很大的不足。在过去的数十年中,研究表明地球轨道的不规则性对地球所吸收太阳能的影响只占其中的 1%或更少,这个微小的影响不可能使地球的气候产生重大突变。密歇根大学的地质和气候学家亨利·伯拉克说:"令人不解的是,是什么在扮演着放大这一作用的角色,是什么以一小数量的太阳能的变化产生了巨大的冰河作用? "

对冰层和海床岩石的研究表明,温度的升降与温室气体的浓度密切相关。但这是一个鸡和鸡蛋的问题。二氧化碳含量的增多和减少是气候变化的原因还是气候变化的结果?如果是气候变化的原因,是什么导致了这种变化?如果能弄清这一点,就可大大帮助我们搞清目前全球变暖问题以及如何解决这一问题。但正如俄亥俄州的地质学家马修·萨兹曼所指出的那样,"我们需要知道温室气体在史前时代波动的原因,但我们并不知道这一点。"

8)为什么一些疾病会流行起来?

一种流行性疾病—全国性暴发的疾病—实际上只是一种病原体鸿运当头的外在表现。毕竟细菌想要我们人类所想要的一切。细菌世界的成功意味着要使许许多多的人受到它的感染,它们不断生殖,然后使更多人受到感染。细菌如何实现感染的效率取决于它们是怎样工作以及它们的攻击对象—我们人类—抵抗能力如何。例如,HIV 病毒喜欢(性关系)滥交,却又装正经的人群,人类喜欢性交,但却不喜欢谈论安全套。另一方面,那些性滥交的人却不会受到埃伯拉病毒的感染。所以文化的改变就像是乘坐喷气式飞机旅行,会使一些人 群更容易受到某种之前所含有的疾病的攻击。

细菌中的变化,比如说如果禽流感病毒 H_5N_1 从人类基因中获得正确的基因就好像菠菜之于大力水手。但是没有人知道如何预测何时那些细菌会在人群中暴发,所以不要忘记经常洗手。

9)为什么我们会死亡?

当物理学家被问到事物为何死亡这种问题时,他们会毫不犹豫的回答说这符合热力学第二定律。任何事物无论它是矿物质、植物或动物,也不管它是一辆凌志汽车、礼冠上的一个贝壳还是细胞壁上的一个蛋白质分子最终都会分解消亡。这种现象发生在人类身上就是使人变老,这也是生物学家的一个研究课题。人变老的原因可能因为 DNA 遭到了自由基的损害,也可能是因为染色体端粒发生萎缩。就像科学家所称的那样,染色体端粒会随着每次细胞分裂而变小。当染色体缩小到一定长度,细胞就会开始凋衰甚至死亡。

但是若想获得生命何时终结的最佳解释,我们还要求助于生态学家,但他们也只是有一种粗略地计算寿命的办法。基本上说,物种的体形越大,它们体内的能量转换就会越慢,新陈代谢的速率就会越低,而生命也会越长。动物的新陈代谢速度很快,也可以很慢。亚利桑那州立大学的布瑞恩·安奎斯特教授说:"如果你捡起过一只小老鼠的话,就会发现它的身体晃动得很厉害,而且它的心脏跳得也很快。蓝鲸的心脏就像一个缓慢的音乐节拍器,跳动的声音就像教堂钟声响起的时候那样慢。"

然而二者生命过程中心脏的跳动总次数却是差不多,都是 1 亿次,但是老鼠用两年时间就完成了这个跳动任务,而蓝鲸却要用大约 80 年的时间。安奎斯特说:"有一种不变的东西:所有生物的能量生命指数几乎都是相同的。"虽然很多动物的体形比人类要大,但是寿命比我们长的动物却很少。为什么重量较轻的我们可以有这么长的寿命?

10)为什么不能十分准确地预报天气?

数年前,几天后的天气预报是完全不可信的,但现今更为先进的计算机模型使得预报一周后的天气变得精确起来。这对计划如何制定一个商业旅行计划或是否租用一个大帐篷来举行一个婚宴招待会是一个好消息。但是当你想建造一个计算机模型来预报数十年后或数世纪后的天气时,问题出现了。

1961年,气象学家爱沃德·劳伦兹在进行一项计算机天气模拟,决定对其中的一个参量采用四舍五入进行计算。这个小小的变化完全改变了天气模型。这成为后来著名的蝴蝶效应:一只蝴蝶在巴西扇动翅膀会在美国得克萨斯州引起一场风暴。劳伦兹的这种做法创立了混沌理论,启发气象学家将尽可能精确的数据输入计算机模型以增长他们的预测区间。但是即使极为精确的数据也不能使我们获得精确的长期性预测结果。

☞ 河西走廊

河西走廊位于甘肃省西北部祁连山和北山之间,又叫甘肃走廊。东西长约1200km,南北宽约100~200km,因为位置在黄河以西,所以叫"河西走廊"。地域上包括甘肃省河西的武威、张掖、金昌、酒泉和嘉峪关五市。河西走廊深居内陆腹地,自成一个内部体系完整的地理区位。从地缘上看,它处于我国黄土高原、青藏高原、内蒙古高原三大高原的交汇地带,同时也是我国农耕与游牧文化的交汇和分界地带。河西走廊内部自成一体,形成一个独特的地理单元,但其地貌地形、气候类型等呈现出复杂多样性,这为历史上农耕与游牧民族在这一地区的迁徙往来、生存发展提供了广阔的空间,也为中华民族多元一体格局中的"多元"提供了得以发生、发展的自然地理基础。

河西走廊东西长约1000 km,南北宽窄各处不等,由几十千米到300公里。面积$8.9×10^4km^2$。海拔一般1100~1500m。大部为祁连山北麓冲积—洪积扇构成的山前倾斜平原。扇形地上部多由砾石组成,多砂碛、戈壁,很少利用。扇形地中下部,地面物质较细,大多为黄土状物质,便于引用河水灌溉,形成绿洲农业区。走廊的河流全属于发源于祁连山地的内陆水系,51条大小河流汇合为石羊河、弱水(即黑河)和疏勒河三大水系。属温带干旱荒漠气候。年均温约6℃~11℃。廊是西伯利亚气流南下的通道,故冬季达半年之久。1月均温多在-8℃~12℃,极端最低温超过-30℃。7

月均温多在20℃~26℃之间,极端最高温高于40℃。年降水量30~160 mm,而大部地区蒸发量2000~3000 mm,年日照一般在3000小时以上,无霜期约160~230 d左右。绿洲农业发达,是中国大西北的粮棉基地之一。自古是东西交通必经的通道,古代的丝绸之路即通过这里,兰新铁路由此经过。

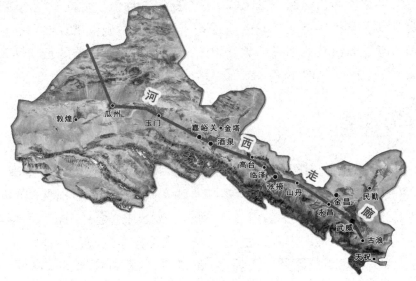

图 24　甘肃河西地区

祁连山横亘在河西地区的南部,东起乌鞘岭西止当金山口,长约800km,山势东高西低,海拔一般在 3000~35000m,大雪山最高为5564m。祁连山区降水较多,一般年降水量为 200~800mm,冰川发育,形成地表径流,是河西地区大小 50 余条内陆河的发源地,每年能向干旱的走廊平原区输送 $70.1×10^8 m^3$ 的地表水资源,成为山前平原绿洲发生、发展的必要条件。北部是走廊北山山地和阿拉善高平原,走廊北山是龙首山、合黎山与马鬃山的统称,系长期剥蚀的中低山和残山,海拔一般不超过2500m,大部分地区降水不足 150mm,很难形成地表径流。河西走廊平原位于祁连山和走廊北山之间,是一宽度为数公里至百余千米不等的狭长平原,东起古浪峡口,西至甘新交界处,全长千余千米,海拔 1000~26000m。区内的大黄山和黑山两座低山把走廊平原分成三个相互独立的内陆河流域(石羊河流域、黑河流域、疏勒河流域),亦即走廊东段、走廊中段和走廊西段。

河西走廊地区的大地构造大体可分为三个单元：①南部的祁连山褶皱和阿尔金山断块；②北部的阿拉善台块和北山（马鬃山）断块带；③中部的河西走廊坳陷。因此，河西地区包括了河西的5个市及其下辖的20个县、市、区，河西走廊不包括天祝县和民勤县。严格地讲，民勤县红崖山水库以北部分，其属于阿拉善高原区。

☞民勤生态环境退化的三个阶段

✲ 原生生态景观（白垩纪—121年）

据1923年在民勤沙井子发掘出的“沙井文化”考证，自新石器时期开始，在今民勤县城西南一带，就有人类繁衍生息的足迹。冯绳武对民勤盆地北部的独青山、盆地中部的苏武山和狼刨泉山的地层资料研究证明，民勤盆地从白垩纪至第三纪已形成为内陆湖盆，其范围大致介于半个山至独青山至长沙岭之间。当时的湖面东西宽约120km，莱伏山、苏武山以及狼刨泉山可能为湖中半岛或岛屿，湖盆边缘存在大面积沼泽。另据记载，在原始社会晚期民勤盆地水域面积达4000km^2，湖南岸由于石羊河主流的冲击，首先形成了较为广阔的冲击平原和湖滨三角洲，为水草丰美的大片绿洲，并由于交通便利，与东临和西域半定居民族接触较多，发展形成了新石器至铜器时代的各期文化。

大量的研究考证结果表明，自白垩纪至西汉武帝元狩二年（121年）以前，石羊河流域为原生生态景观，人类的生产活动仅在原始条件下进行，对生态环境的影响甚微。在汉武帝年间，流域下游民勤一带河流纵横，湖泊遍布，草莽茂密，随处都“可取水濡田”。在作为我国最早自然地理的《禹贡图注》中将本区划归雍州（古九州之一，在今陕西中部、北部、甘肃和青海以及内蒙古的额济纳一带）区湖泊沼泽平原。这一时期，石羊河流域的生态一直保持着较为原始的自然景观。

这一阶段的植被特征是：尽管没有当时植被的记载，但由大量研究资料得知，西汉以前的民勤绿洲生长着大量的喜湿沼泽植物，这一点可以从以下几个方面证实：一是据冯绳武的研究资料推算，西汉以前的水域面积广大,由于水源丰富,在湖泊边缘、三角洲和低浅积水洼地生长着茂密的沼泽植被,冯绳武认为"湖滨应属砂碛草原";二是由地层沉积的花粉孢子的研究结果已证实在全新世早期当地生长有细叶苔($Carex$ $ctenophylla$)、水三棱($Scirpus$ $mavitimus$)、香蒲($Typha$ $latifolia$)等水生植物;三是20世纪50年代末,民勤治沙综合试验站调查发现在沙层中存在上述植物残体。当地群众将沼泽植被称作"草湖",直至20世纪50年代末,民勤湖区还残存有小块积水"草湖"。从历史资料和土壤、地质资料分析结果看,当地没有针叶树种生长的迹象,早全新世湖泊沉积有大量云杉属($Picea$)和圆柏属($Sabina$)植物花粉孢子,只指示了上游祁连山的植被状况。嘉庆年重修的《一统志》中有昌宁湖中"多水草杨木",由此可见,阔叶树可能只有在湖泊、河岸地带分布的胡杨($Populus$ $euphratica$)。

✳ 生态退化景观(汉代—清末)

自西汉以来,当地生态环境开始恶化。由于水源减少和河流淤积,大约到6世纪,完整的湖泊(广义的潴野泽)分割为西海(休屠泽,今昌宁、昌盛一带)和东海(狭义的潴野泽,今东湖、西渠、泉山一带)2个湖。由于气候逐渐趋暖和上游祁连山水源涵养林的历代破坏,加之上游耕地面积扩大,汉、唐以来,下游民勤境内河流改道,分支增多,流量减少,部分河流已变成了季节性河。灌溉农业的发展,使部分河道已变成了人工渠道,河流水系已失去了原有的自然景观。

汉代末期,民勤县三角城、沙井柳湖墩、黄蒿井和黄土槽一带已出现了斑块状沙漠化。唐代的农业大开发,使得在石羊河下游出现了继汉朝末期沙漠化之后的第二次较为明显的沙漠化过程。汉末的沙漠化主要发生在下游最北部的三角城周围,而后唐时期则发生在自北向南的整个下游绿洲平原,昔日田连阡陌的民勤西沙窝绿洲至此已变成了沙漠。到了明朝,石羊河下游又出现了较大规模的屯田和移民,垦区向西沙窝东侧扩展,今民勤县坝区(红崖山水库以北至大滩一带)成了新的开垦区。至明万历年间,武威、民勤的耕地面积已达 $800×10^4hm^2$。到了清朝,开始了较大规模的水利建设,开垦范围较明朝扩大,民勤坝区农田已集中连片,开垦向民勤湖区延伸,新开垦耕地约 $167×10^4hm^2$,开垦面积和人口急剧增加,咸丰八年(1858年)镇番县(今民勤县)人口已逾19万人。到清朝末期,沙漠化土地由过去的斑块逐渐连片扩展。

据《五凉考治六德全集》第二卷《镇番县志》记载,青土湖一带,曾是"碧波荡漾,芦苇丛生,野鸭成群,游鱼可数"的湖泊景观。自明至清,民勤的沙漠化主要发生在:民勤县新河乡的红沙堡沙窝及其以南,红崖山附近的黑山堡、红崖堡以至野猪湾堡一带,薛百乡境内的青松堡、南乐堡、沙山堡一带。

这一阶段的植被特征是:随着水源的减少,草湖和沼泽植物逐渐消失,代之而来的是盐化草甸植被,或可称半荒漠植被。清乾隆十四年(1749年)《镇番县志》记述:"西边外计里二百有奇,草地盘结,旧为彝人宿牧之区"。由沙层剖面中埋藏的残体以及残留散布的马蔺(*Iris lactea pall.var.chinensis*)、芦苇、芨芨草(*Achnatherum splendens*)和冰草(*Agropyron cristatum*)等,可以证实在沼泽植物之后就是较为深根性的盐化草甸植被。清乾隆十四年(1749年)《镇番县志》记述:"炭曰琐琐(梭梭 *Haloxylon ammodendron*),燃烧时发一清香,大非石炭可拟",即在沙丘上生长有梭梭。据当地年长者回忆,20世纪50年代,民勤西沙窝一带,罗布麻(*Apocynum venetum*)、芦苇生长茂密,高1m多。据民勤治沙综合试验站调查,在20世纪60年代初马蔺残墩的马蔺密度为28~36丛·100m^{-2}。在地下水位较浅的湖区、南湖等地,至目前还可见到芦苇、芨芨草、冰草等禾本科植物组成的草甸植被。

在清乾隆十四年(1749年)《镇番县志》及以后的民勤县志中,境内以草木命名的地名有许多,如柳(柽柳)林湖、梭梭湖、红柳岗、红柳墩、红柳园、梭梭井、黄蒿井、柳条湾、红沙岗、红沙梁、白刺湾、毛条井、梭梭门子、霸王梁、刺井子等,可以反映出当时的柽柳、梭梭、毛条、花棒、霸王、白刺等灌木,半灌木到处皆是。道光五年(1825年)《镇番县志》记述:"松柏仅见于园圃内,供游人观赏。"再次证明,在当地松、柏仅为人工栽植。

✳ 人工生态景观(新中国成立一)

民国年间,石羊河下游的大西河、小西河虽仍存在干涸河道,但其早已变成了历史名词,汉代的三角城遗址和唐代的连城遗址已居沙漠深处6km,清朝乾隆年间(1749)记载的腾格里沙漠没有越过洪水河

067

的记录已经成为历史,洪水河西岸 $2×10^4hm^2$ 耕地已被沙漠占据,形成了今日的二十里大沙。沙漠、戈壁占居了民勤县总土地面积的 90% 以上。民勤西沙窝边缘的头坝一带,明末曾有 20 多个村庄,2000 多户人家,1300hm² 耕地,经过 200 多年,到新中国成立前夕时只剩下化音、小东和薛百沟 3 个村庄,340 户人家,200hm² 耕地。在此 200 多年间,民勤县被流沙埋没村庄 600 多个,埋没农田 $1.7×10^4hm^2$。明末还是碧波荡漾、水草丛生的青土湖、白亭海早已不见了踪影,历史悠久的"沙井子"、明长城、烽火台、南乐堡、沙山堡、连城、古城、三角城等遗址均被淹没于沙海之中。从1960 年到目前绿洲内部和绿洲边缘地下水位普遍下降10~20m,1981~2002 年绿洲内部和绿洲边缘地下水位又下降 2~15m。民勤县林业部门和统计部门提供的数据表明,至 2003 年末,沙漠面积 $74.1×10^4hm^2$,戈壁 $2.1×10^4hm^2$,荒草地 $6.5×10^4hm^2$,盐碱地 $11.2×10^4hm^2$,裸地 $2.1×10^4hm^2$。

现阶段的植物特征:从调查结果看,当地天然种子植物共有 22 个科,72 个属,127 个种。其中以豆科(12 属)、藜科(12 属)最多,其次是菊科(11 属)和禾本科(10 属),这些植物绝大多数属于荒漠植被,且单属科和单种属植物占有较大比例。20 世纪 50 年代以来,盐化草甸植被随地下水位的下降和湖床、河床的沙漠化,其面积已经很小,仅散见于局部地下水位较高的地段,灌木、半灌木和小灌木荒漠植被占据了绝对优势。按照《中国植被》的分类系统,目前区内有 3 个植被型 7 个群系组共17 个群系。

西沙窝样区流动沙地面积较大,植被以典型灌木荒漠为主,其优势种以旱生、超旱生的白刺(*Nitraria tangutorica*)、沙蒿(*Atemisia arenaria*)、膜果麻黄(*Ephedra przewalskii*)为主,植被种类较少,盖度亦较低,种群结构均比较单一。大量分布的主要有白刺群丛、沙蒿群丛、膜果麻黄群丛、白刺+芦苇(*Phragmites communis*)群丛、沙蒿+沙米群丛。膜果麻黄和白刺群丛最小面积约 300m×300m,沙蒿群丛最小面积约 100m×100m。白刺形成>4m 的白刺包(沙丘),膜果麻黄分布粘砾质滩地上,沙蒿和沙米分布在低缓的半固定沙丘、流动沙丘和低平覆沙地上。

东沙窝样区沙丘相对高大,地下水位由北向南变浅,南部南湖属于近代干涸湖床,湖底中心地下水位 1~3m,该本区水分条件优于民勤西沙窝和花儿园。在荒漠植被类型的背景上兼有草甸类型,当地土壤盐渍化严重,植物以耐盐植物为主,优势种有芦苇(*Phragmites communis*)、小果白刺(*Nitraria sibirica*)、沙蒿等,植物种类较单一,植被盖度相对较大。南部南湖一带草甸类型占优势,芦苇是这一地区草甸类型的代表植物,平均高度 1.0m。南湖一带分布的天然植物群落主要有小果白刺-芦苇群丛、小果白刺-盐爪爪群丛以及小果白刺群丛等。

西北部砾质荒漠草场样区位于民勤境内西北角,属于民勤北部亚布赖山的山前冲积扇,沙粒较粗,土壤有轻度盐渍化,土壤水分条件优于西沙窝。植被兼有典型灌木荒漠和草原化灌木荒漠两种类型,植被的优势种主要为泡泡刺、沙蒿和盐爪爪(*Kalidium foliatum*),植物种类相对较多,植被盖度亦相对较高。天然荒漠植物群落主要有泡泡刺群丛、沙蒿群丛、盐爪爪群丛、红砂—盐爪爪群丛,群丛结构亦相对较为复杂。

东北部东湖样区具有全县境内的最低海拔,从湖底向外植被类型由荒漠化草甸向半灌木、小灌木荒漠过度,植物增多,群系组由芦苇草甸向多汁盐柴类半灌木、小半灌木荒漠过度,优势种植物主要有芦苇和盐爪爪等。从湖底向外群丛依次是盐爪爪、苏枸杞(*Lycium ruthenicum*)+冰草(*Agropyron cristatum*)、芦苇+旋复花(*Inula salsoloides*)、沙竹(*Psammochloa villosa*)+牛皮鞘(*Cynanchum sibiricum*)等。

☞ 积沙带的生态功能

新中国成立后,1950 年河西走廊开始了大规模群众性造林治沙活动,1956 年开始了农田防护林的规划设计与营造试点工作。因河西走廊东段绿洲较集中,西段较分散且面积较小,所以走廊东段农田防护林建设相对起步较早且较为完整。如果从 1956 年算起,河西绿洲边缘的防护林已经有 58 年的历史。2011~2013 年我们分两次对河西绿洲边缘积沙带做了较为全面的调查。走廊绿洲区主风向以 NW、W 为主,因此,河西绿洲边缘的积沙带分布在绿洲边缘上风向,即古浪沙区在绿洲北侧,武威沙区在绿洲东北侧,民勤—金昌沙区在绿洲西北侧,临泽—高台沙区在绿洲北侧或东北侧,金塔沙区在绿洲北侧和西侧,瓜州、敦煌沙区在绿洲西北侧(河西走廊积沙带调查样点图)。调查结果表明,走廊东端古浪以及民勤绿洲边缘积沙带较为高大,走廊西端敦煌、瓜州以及玉门等地积沙带较矮小且随斑块状绿洲断带较多,积沙带在河西绿洲边缘的总体分布趋势是东高西低、东宽西窄、断续分布(下表)。

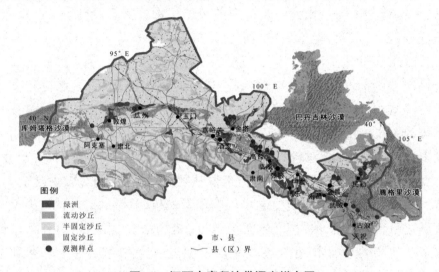

图 24　河西走廊积沙带调查样点图

表 6　河西走廊积沙带的高度和宽度表

样点编号	积沙带高度(m)	积沙带宽度(m)	宽度/高度	样点编号	积沙带高度(m)	积沙带宽度(m)	宽度/高度
1(古浪)	37.90	1210.85	31.9	12(高台1)	10.37	174.7	16.85
2(武威1)	5.52	320.11	58	13(高台2)	10.25	158.9	15.50
3(武威2)	3.94	169.7	43.1	14(高台3)	4.96	90.8	18.30
4(民勤1)	17.09	208.68	12.2	15(高台4)	6.13	107.2	17.49
5(民勤2)	15.22	232.15	15.3	16(金塔1)	10.18	145.9	14.33
6(民勤3)	18.62	288.5	15.5	17(金塔2)	5.12	133.4	26.06
7(民勤4)	5.57	245.89	44.1	18(金塔3)	7.10	133.3	18.77
8(金昌1)	9.70	160.15	16.5	19(金塔4)	6.52	99.5	15.25
9(金昌2)	9.70	165.75	17.1	20(瓜州)	4.00	101.8	25.44
10(临泽1)	8.53	212.93	25	21(敦煌)	6.64	39.5	5.95
11(临泽2)	8.72	178.62	20.5				

❋ 积沙带的生态功能主要表现在：

1）防风作用

河西绿洲边缘积沙带平均高 10.08m，最高达 31.9m，积沙带的形成使得在河西绿洲边缘形成了一道 10m 高的防风墙。当气流（风）到达积沙带迎风坡时遇到障碍，一部分气流沿坡面上升，沿坡面上升的气流因载荷（携沙）和向上抬升改变方向以及不同高度层面的气流相互叠加碰撞 3 种因素需要大量消耗能量。而另一部分气流则改变方向而向迎风坡两翼分流，同样由于载荷和改变方向以及不同方向气流的叠加 3 种因素需要大量消耗能量。不同方向、不同高度、不同速度的载荷气流相互碰撞，大量消耗能量从而降低了风速。测定结果显示，积沙带具有显著的防风作用，且积沙带越高、风速越大，则积沙带下风向防御风的范围就越大，当上风向空旷处风速达 2 m·s⁻¹ 时，积沙带下风向防御风范围大于积沙带高度的 20 倍，风速越大，则沙丘下风向降低风速越明显。

2）阻沙固沙作用

据测定，风沙流中有 80% 的沙粒在近地表 20~30cm 的高度内流动，其中一半又在近地表 0.3~0.5cm 的高度内流动。在 7m·s⁻¹ 的风速下，近地表 10cm 高度内的输沙量占总输沙量的 75%，76~200cm 高度内的输沙量占总输沙量的 0.035%。沙粒和气流的密度差异很大，因而不同高度、不同载荷气流的动量差异亦很大。气流在到达积沙带迎风坡时，不论向前或向两翼运移都需要抬升角度或改变方向，载荷和改变方向以及不同方向气流的叠加 3 种因素都会使得风沙流在运移过程中大量释放沙粒，而且这 3 种因素同时存在。河西绿洲边缘积沙带平均高 10.08 m，风沙流要越过如此高的积沙带，不得不将大量沙粒释放到积沙带迎风坡，积沙带越高大，这种阻挡和堆积作用就越显著。

3）减少固沙成本

过去几十年来，沙漠—绿洲过渡带或绿洲外围阻沙带是防沙治沙的重点工程区域和重点研究区域，绿洲外围阻沙带一般由封育带和人工固沙林带组成，甘肃河西沙漠—绿洲过渡带的宽度从几百米到几十公里，绿洲外围阻沙带的宽度为 1~3km 不等。研究结果表明，只要控制了积沙带就能有效控制流沙侵入农田。在民勤绿洲边缘积沙带的下风向,紧靠积沙带的农田保护完好。河西绿洲边缘积沙带最宽为 1210.9m,平均宽只有 218m。今后应将绿洲边缘防沙治沙的重点放在积沙带上,尤其是积沙带的沙脊线上,而对荒漠—绿洲过渡带(阻沙带)实行封育,无需采取其他投入措施,这样就可以大面积压缩实施人工措施的范围,大大降低防沙阻沙的资金投入,提高防沙治沙的投资效益。

当然,积沙带还有一定的负向作用,主要是:由于大量流沙堆积在绿洲边缘,形成了距离绿洲农田更近的新的沙源。研究结果表明,甘肃河西绿洲边缘的积沙带尚处在发育阶段,目前的生态作用以正向作用为主,而且积沙带越高大越稳定。

☞ 民勤沙漠化的自然因素和人为因素

❋ 自然因素

(1)封闭的内陆河沉积了大量的沙物质

腾格里沙漠地处河西走廊东侧的阿拉善地区东南部,地理位置 102°20′~106°0′E,37°30′~40°0′N,位于东边贺兰山、南部乌鞘岭、西部冷龙岭和北大山、西北部雅布赖山所环绕的盆地中,沙漠面积 $4.27×10^4km^2$,大部属内蒙古自治区,小部分在甘肃省的古浪、凉州和民勤境内。沙漠内部有沙丘、湖盆、草滩、山地、残丘及平原等交错分布。沙丘面积占 71%,以流动沙丘为主,大多为格状沙丘链及新月形沙丘链,高度多在 10~20m,有湖盆 422 个,半数有积水,为干涸或退缩的残留湖。

巴丹吉林沙漠地处河西走廊中段的北部,地理位置位于 98°30′~104°E,39°30′~42°00′N,位于东南部雅布赖山、南部北大山和合黎山、西部马鬃山及其余脉狼心山和北部低山山地环绕的盆地中,面积约 $4.43×10^4km^2$,绝大部分位于内蒙古境内,只有零星小块位于河西走廊的山丹、甘州、临泽、高台、肃州和金塔境内。其中的巴彦诺尔、吉诃德沙山是世界上最高的沙丘。巴丹吉林沙漠年降水量不足 40mm,但是沙漠中的湖泊竟然多达 100 多个。

库木塔格沙漠地处吐鲁番盆地东缘,是河西走廊西端与新疆交界处的天山山脉东段南坡的山间断陷盆地,地理位置 90°00′~93°30′E,39°10′~

40°N30′,北为博格达山,南为库鲁克山,面积约 $5.0×10^4km^2$。盆地中部低於海平面的约占 4000 km^2,艾丁湖面–154m,湖底–161m。盆地中部有二列东西向低山,北为火焰山,低于 900m;南为觉罗塔格山,约 1000~1500m;两者之间为绿洲。火焰山以此为天山南麓冲积扇,多砾石戈壁,地下水丰富。盆地降水稀少,平均年降水吐鲁番城 16.4cm,托克逊城 6.9cm,北部山地 300~400cm,高峰有积雪,为盆地主要灌溉水源,故盆地三个主要绿洲(吐鲁番、鄯善、托克逊)均位於接近水源的中部偏北。

这三大沙漠均处于周围山脉环绕的内陆河盆地中(河西周边三大沙漠盆地图),石质山体经常年风化和雨水冲刷,河流将山上的泥砂源源

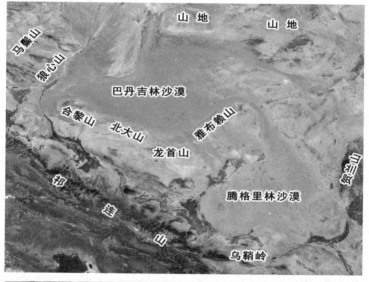

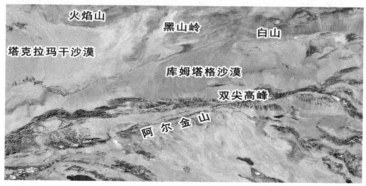

图25 河西周边三大沙漠盆地图

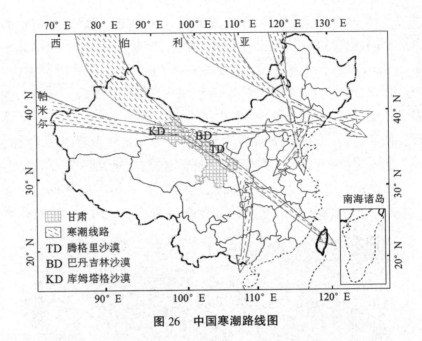

图 26　中国寒潮路线图

不断地带入下游,沉积了盆地的终端湖,为后来沙漠的形成贮存了丰富的沙物质。据冯绳武研究,在汉代以前,民勤境内曾有广阔的水域,至西汉开始的数百年间,石羊河携带泥沙,下游三角洲冲积扇不断向北延伸,渐与早期作为潴野泽北岸半岛的莱伏山麓洪积扇相连,从而使潴野泽渐分为西海(休屠泽)和东海(狭义的潴野泽)两个湖。由于西海和东海两侧均有大河汇入,携带泥沙较多,冲积平原迅速向湖心扩展,湖床抬升较快,故此之后,石羊河主流不再流入西海,至汉末在湖床出露地方出现了最早的班块状沙漠化。石羊河流域中、下游在基岩层上分布有5~20m 厚的洪积冲积沙砾层及沙层,越是下游沙层越厚,沙粒越细。

　　(2)西北干旱气候导致了沙漠化

　　甘肃河西地区位居我国西北内陆干旱区,降水稀少,蒸发强烈,平均蒸发量是平均降水量的 16.93 倍,地处河西走廊西端敦煌蒸发—降水比最大为 59.08 倍,瓜州次大为 48.09 倍(河西地区各地气候资料表)。腾格里沙漠、巴丹吉林沙漠和库姆塔格沙漠的蒸发—降水比平均为 48.48 倍(河西周边三大沙漠气候资料表)。

　　有学者研究认为,石羊河流域深居内陆,从第四纪冰期以来气候持续干旱。我国著名气象学家竺可桢研究,近五千年来,我国的气温虽有过明显的变迁过程,但干旱地区总的水分状况并没有明显改变。民勤荒漠年的资料研究表明,1961~2009 年的年降水量表现为增多趋势,增加速率为 3.97mm·(10a)$^{-1}$,但增加趋势不显著。

在西北持续干旱的背景下,地表水和地面蒸发强烈。以民勤气象站最近 50 多年的平均蒸发量 2643.9mm 计算,原始社会晚期 4000km^2 水域的年蒸发损耗量达 105.756×10^{8}m^3,相当于建国 50 多年上游进入下游民勤境内的水资源量,是目前石羊河上游冰川储量 21.434×10^{8}m^3 的 5 倍,且未包括地面蒸发。若以 2003 年底民勤县上报的水域面积(8746.9hm)计算,水域蒸发损耗每年为 2.31×10^{8}m^3。

水资源的减少使得下游地区湖泊萎缩、干涸,湖积沙和冲积三角洲首先演变为沼泽和草湖,进而植被旱化、稀疏化,沙面出露,形成大面积沙漠。

图7　河西地区各地气候资料表

站名	平均气温(℃)	极端最高气温(℃)	降水量(mm)	蒸发量(mm)	相对湿度(%)	平均风速(m·s^{-1})	沙尘暴日(d)	主风向
古浪	4.9	33	360.8	1769.9		3.5		S
武威	7.9	40.8	165.8	1890.0	52.9	1.8	4.8	NW
民勤	8.3	41.1	113.0	2623.1	44.5	2.7	27.4	NW
永昌	5.0	35.1	201.6	1990.2	51.4	3.0	4.2	NW
山丹	6.6	39.8	199.2	2351.0	46.8	2.4	3.8	W
张掖	7.3	38.6	130.5	2002.4	52.0	2.0	11.8	NNW
临泽	7.6	39.1	118.1	2341.6		2.5		WNW
高台	7.7	38.7	110.3	1765.3	54.2	2.0	11.1	NW
金塔	8.7	38.5	65.4	2560.9	44.9	1.9	6.4	NW
酒泉	7.5	36.6	87.8	2004.9	47.1	2.2	10.3	NW
玉门镇	7.1	36.0	66.8	2653.3	42.2	3.8	8.1	WNW
瓜州	8.8	40.4	53.6	2577.4	40.4	3.0	7.2	ENE
敦煌	9.5	41.7	42.4	2505.1	43.3	2.1	10.6	w

表8　河西周边三大沙漠气候资料表

站名	降水量(mm)	蒸发量(mm)	年平均气温(℃)	年平均风速(m·s⁻¹)
腾格里沙漠	102.9	2258.8	7.8	4.1
巴丹吉林	50~60	>3500	7~8	4.0
库姆塔格沙漠	16.6	>2700	13.9	5.9

（3）西伯利亚向东南扩散是沙尘暴的主要动力源

沙面对日光反射强烈，加之沙面比热小，热辐射强，因而沙漠地区春季气温回升较时，易形成以沙漠为中心的高温低压区，与西伯利亚每年春季向四周扩散高压冷气流（中国寒潮路线图）形成明显的气压梯度。于是，在甘肃河西以及我国西北地区，尤其每年春季易形成大风沙尘暴天气。从民勤沙区的观测资料看，每年4月份是沙尘暴的高发期，其次是3月份，再次是5月份，夏季，尤其9月份沙尘暴最少，10月份次少。

松散的沙土，每年春季西伯利亚气流扩散的影响，干旱加之大风，加速了当地的沙漠化过程。气压梯度越大，则风速越大，大风是沙尘暴天气的动力源，而气压梯度又是风速的动力源，大面积裸露、干燥、松散的沙漠沙面，便是沙尘暴的物质源。甘肃河西沙区沙尘暴的主风向与寒潮走向是一致的。

❋ **人为因素**

（1）农业开发是引起水资源退化的关键

河西地区的农业开发始于汉代，在西汉以前，实属游牧或半牧半农的生产活动，对生态的影响甚微。河西地区地阔人稀，土地肥活。西汉王朝占领河西后，进行了河西地区历史上的第一次移民开发活动，实行民屯和军屯。《汉书·地理志》记载："初设四郡，以通西域，隔绝南羌、匈奴"，西汉时在河西地区4郡设立了35县，到唐天宝年间（742~756年），武威郡人口已达13.7493万人。汉族的大量移入，不仅增加了劳动力，而且带来了先进的农业生产技术包括灌溉技术，使得农业生产得到了空前发展，加之"丝绸之路"的畅通，带来了商业的繁荣。

在开元年间（713~742年），河西地区有屯田49万亩，80%集中的东部。以河西地区东段武威为例,从西汉以来的农业开发,逐渐延展到对祁连山山前冲积扇裙的开发。从古浪峡起西延 100km,南北宽 20~40km,海拔 1500~2000m,地面比降约 2%,是一块辽阔的山前冲积平原,自东至西依次有大靖河、古浪河、黄羊河、杂木河、金塔河、西营河、东大河、西大河 8 条河流。然而,由于河道渗漏严重,各河流出山不久大都断流,且地下水埋藏较深,所以在自然绿洲时期为荒漠草原景观,只在河岸或地下水较浅地块才有绿洲分布。经过历代长期开发,终于使这块荒漠草原变成了今天的绿洲。

南部绿洲面积的扩大,农业用水的日益增加,必然减少了下游的水量供给,上下游水资源失衡。上游地区水源充足,耕地面积不断扩大。由于上游截流,下游地区水量越显不足,农田弃耕,弃耕后的农田沙漠化。到建国前夕时,流域内有效灌溉面积 $13.4×10^4hm^2$,保灌面积只有 $3.9×10^4hm^2$。1996 年武威地区的武威、民勤、古浪三县市和金昌市耕地面积达 $27.88×10^4hm^2$,其中有效灌溉面积 $21.23×10^4hm^2$,保灌面积 $16.67×10^4hm^2$。20 世纪 80 年代以来,下游民勤北部 $2×10^4hm^2$ 耕地因缺水而弃耕,弃耕后的土地又一次沙化。民勤的生态环境退化引起了党和国家的高度重视,温家定总理多次指示:"决不能让民勤成为第二个罗布泊。"

汉、唐和明清时期,石羊河流域出现了三次较大规模的农业开发,引起了汉末、盛唐中后期和明清中后期三次较强的沙漠化过程。移民开发,耕地面积越来越大,大量引用地表水,生态资源遭到破坏,生态环境恶化。

(2)战争对荒漠植被的破毁

河西走廊历史上是兵家必争之地,武威是河西走廊重镇,民勤、武威历史上多有军事据点。自西汉以来,为了巩固边防,汉王朝除了修筑长城,建立军事居点,派兵戍守之外,实行了一系列的"实边"措施,"设立田官,广拓土田,修治渠陂"。地处河西走廊中部的《临泽县志》中有"森林操于驻军,滥事采伐,影响水利甚巨"的历史记载,由此即可窥见一斑。战争对生态环境的破坏包括占火烽烧、作薪柴、践踏,设防施工等等。河西走廊历史上战火连绵,双方交战,车马践踏,毁坏林草植被是不可避免的;从中国历史上的作战方式看,点燃森林,草莽起火甚至施以

"火攻"都是有可能的。西汉前,休屠王所部五万人马驻于休屠。西汉时,武威郡辖十县,其中武威、宣威、休屠、媪围、苍松、朴、张掖八县均为抵御匈奴入侵而设,驻军炊饭需伐木为薪,修筑据点、设防施工少不了砍伐木材,破坏植被。修筑明长城、烽火台需要挖沙取土,破坏植被。当地史志上虽没有留下这方面的记载,但却有大量的有关驻军、战争的记载,在武威,尤其在民勤沙漠中留下了大量的明长城、烽火台和其他军事防御工施。传说,民国年间,马步芳匪军所部烧、杀、抢、掠,对现今红水河两岸至红崖山一带植被破坏十分惨重。

(3)大量开发水资源加剧了沙漠化进程

河西地区分属于东段石羊河流域、中段黑河流域和西段疏勒河流域。冯绳武研究认为,民勤盆地的潴野泽在原始社会晚期水域面积达4000km²,自白垩纪至西汉武帝元狩二年(前121年)以前,石羊河流域为原生生态景观,在汉武帝年间,流域内河流纵横,湖泊遍布。朱震达等人的调查结果表明,3000年前居延海的湖面至少高出现在3m,湖面广阔,浩淼无际,历史上最大水域面积可达800 km²。王乃昂先生的研究,早在4000多年前,花海湖就已存在,湖泊面积为405km²。

据《甘肃省统计年鉴·水利概述》(1948年)记载,河西人民就开始凿渠引水灌田了,"甘肃疆域,大部属干旱区域,尤以河西走廊,雨量特少,故河西农田水利之发展,至感需要,而开渠灌田,亦远在汉唐"。《甘肃省统计年鉴·农田水利工程》(1948年)记载,其后历朝历代均有开发,尤其是明清时期曾大规模在河西屯田修渠,据《甘肃省志·大事记》统计,清代有水浇地357万亩,创历史最高水平。"河西水渠,开自汉代,历有扩张,水利之盛,为全省冠"。但是"自清季以还,沟渠失修,农事荒废,人民逃亡,户口日减",嘉庆年间河西有284万人口,到光绪三十四年(1908年)河西地区人口仅有85.5万多人。

冯绳武将民勤水系划分为3个时期,即汉代以前为自然水系时期,汉代至建国前为半自然水系时期,建国后为人工水系时期。自然水系时期人类在原始的条件下生活,对生态环境影响甚微;半自然水系时期,人们利用自然引用地表水灌溉农田;人工水系时期就通过修筑渠道、修建水库和挖井提取地下水灌溉农田。这三个阶段也适用于河西三大内陆河流域。截至 2000 年,河西地区已有干渠 3391km,支渠 8186km,斗渠 19079km,农(主)渠 55201km,干、支、斗渠衬砌率分别为 71.2%、50.8%和 27.5%。年供水能力为 57.59×10⁸m³,其中地表水 41.96×10⁸m³,地下水 15.63×10⁸m³。河西地区有效灌溉面积 48.5×10⁴hm²(2000 年河西三大内陆河流域水资源利用状况表,其中未包括嘉峪关 43459.8hm²)。其中引水灌溉 36.6×10⁴hm²,地下水灌溉 11.9×10⁴hm²。

由于近 50 年来的大规模水利化建设,先后在 25 条干、支流出山口建成蓄、引、提水利工程,总库容 11.867×10⁸m³(包括平原型水库),控制了河川出山径流量的 36.57%。

表9 2000 年河西三大内陆河流域水资源利用状况表

	面积(hm²)	总用水量(10⁴m³)	单位用水量(m³·hm⁻²)
武威市	174 466.7	161 623.9	9 264
金昌市	46 920.0	33 050.6	7 059
张掖市	131 806.7	162 454.2	13 325
酒泉市	85 780.1	111 727.7	13 024
黄羊河农垦公司	2 566.7	2784.0	1 0847

(4)民勤水资源减少的例子

民勤属于石羊河的下游。从 20 世纪 50 年代以来,石羊河进入民勤境内的地表水持续减少(1985~2001 年民勤绿洲 26 眼井水位变化)。从 2002 年以来减少到 0.7×10⁸m³ 左右,景电二程从 2001 年 3 月 5 日开始从黄河调水,当年调入 0.5×10⁸m³,实际进入民勤的只有 0.4×10⁸m³。

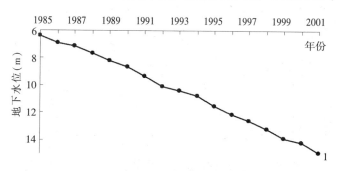

图27 1985~2001 年民勤绿洲 26 眼井水位变化

　　地表水补给地下水的水量又持续减少,于是就大量开采地下水。目前民勤境内机井已达 11000 多眼。民勤绿洲内部 26 眼机井的观测数据表明,绿洲内部地下水位从 1985 年的 6.4m 已下降至 2001 年的 14.9m,2001 年平均下降 0.7m,其中的 5 眼井已下降至 20m,最深的达 25.4m。若不考虑地下水补给随水位下降的变化情况,按地处民勤西沙窝的民勤治沙综合试验站站区 7 眼井 1987~2006 年的观测资料的二次多项式预测,到 2029 年水位可下降至 40.3m,到 2050 年将下降至 60.2m。随地下水位深度增加,下降速度加快,表明随地下水位深度增加,储量减少。如果考虑这一因素,其水资源危机更加严峻。

　　据此可以认为,从民国年间至 1958 年红崖山水库建成是民勤沙漠化由以自然因素为主向以人为因素为主的过渡时期,1958 年红崖山水库建成以来人为因素占据了主导地位,且其作用越来越明显。

☞ 美国"黑风暴"

　　20 世纪 30 年代,一场人类历史上规模罕见的沙尘暴袭击了大半个美国。当时,沙尘暴肆虐美国达 10 年之久,被后人称为"历史上三大人为生态灾难"之一。

　　1870 年以前,美国南部大平原地区是一个生机勃勃的草原世界。那时,扎根极深的野草覆盖着整个大平原,这里土壤肥沃,畜牧业发达,一片人与自然和谐共处的景象。1870 年后,美国政府先后制定多项法律,鼓励开发大平原。尤其是一战爆发后,受世界小麦价格飙升的影响,南部大平原进入了"大垦荒"时期,农场主纷纷毁掉草原,种上小麦。经过几十年发展,大平原从草原世界变为"美国粮仓"。但与此同时,这里的自然植被遭到严重破坏,表土裸露在狂风之下。

　　进入 20 世纪 30 年代,美国经历了一次百年不遇的严重干旱,南部大平原风调雨顺的日子彻底结束,一场场大灾难随之而来。

　　1934 年 5 月 12 日,一场巨大的"黑风暴"席卷了美国东部的广阔地区。沙尘暴从南部平原刮起,形成一个东西长 2400 千米、南北宽 1500 公里、高 3.2 千米的巨大的移动尘土带。狂风卷着尘土,遮天蔽日,横扫中东部。尘土甚至落到了距离美国东海岸800千米、航行在大西洋中的船只上。风暴持续了整整3天,掠过美国2/3的土地,刮走3亿多吨沙土,半个美国被铺上了一层沙尘。仅芝加哥一地的积尘就达1200万吨。风暴过后,清洁工为堪萨斯州道奇城的227户人家清扫了阁楼,从每户阁楼上扫出的尘土平均有2吨多。

1935年春天,一场沙尘暴再次震惊了美国。从3月份开始,南部大平原上开始大风呼啸、飞沙走石。大风刮了整整27个昼夜,3000多万亩麦田被掩埋在了沙土中。4月14日是星期天,这天对于俄克拉何马州盖蒙城的居民来说却是不堪回首的"黑色星期天"。在沙尘飞舞数周后,盖蒙城的人们终于欣喜地看到太阳出来了。大家纷纷走出家门,或在蓝天下沐浴阳光,或上教堂做礼拜,或出门野营。但到了下午时分,气温骤然下降,成千上万只鸟儿黑压压地从人们头顶飞过,划破了天空的寂静。突然,一股沙尘"黑云"涌出地平线,急速翻滚而来。行进中的汽车被迫停下,在自家庭院里的居民只好摸着台阶进门,行人则急忙寻找藏身之地,很多人因一时找不到藏身地,只好原地坐下,沙尘中他们感觉如同有人拿大铁锹往脸上扬沙一般。大风吹了4个多小时才渐渐减弱,有人就这样在漆黑中煎熬了4个多小时,心中默默祈祷,时时担心会因窒息而死亡。后来,人们回忆起那段经历时仍不寒而栗,"我们整天与沙尘生活在一起,吸着灰气,吃着尘埃,看着沙尘剥夺我们的财产。世界上没有一只车灯可以照亮黝黑的空气,诗情画意般的春天变成了古代传说中的幽灵,噩梦变成了现实。"

在持续10年的沙尘暴中,整个美国有数百万公顷的农田被毁,牲畜大批渴死或呛死,风疹、咽炎、肺炎等疾病蔓延。沙尘暴还引发了美国历史上最大的一次"生态移民"潮。

到1940年,大平原很多城镇几乎成了荒无人烟的空城,总计有250万人口外迁。当时,在南部诸州交通干道上,人们时常看到被沙尘暴扫地出门的移民大军浩浩荡荡地向加利福尼亚进发。一本当时的畅销小说这样写道:"无数的人们,有坐汽车的,有乘马车的,无家可归,饥寒交迫;2万、5万、10万、20万逃难者翻山越岭,像慌慌张张的蚂蚁群,跑来跑去;地上任何东西都成了果腹的食物。"

由于加州接受能力有限,当地政府不断派人劝阻移民们去往别处。但是逃难者根本不听劝告。加州政府不得不动用警察,在州界充当人墙,不让移民进入。即便如此,移民们仍是蜂拥而至。

美国的一些有识之士很早就认识到沙尘暴的严重危害。20世纪30年代初,美国"土壤保持之父"贝纳特就曾经领导了一场颇具规模的"积极保持土壤"运动。由于当时美国深陷经济大萧条中,沙尘暴并未引起广泛注意,国会根本不理睬他的建议。1935年4月,贝纳特参加国会听证会时,适逢南部平原发生"黑色星期天",经历了这场沙尘暴噩梦后,议员们终于清醒了过来。在贝纳特的推动下,国会很快通过了《水土保持法》,以立法的形式将大量土地退耕还草,划为国家公园保护了起来。

时任美国总统的富兰克林·罗斯福也很重视治理沙尘暴,他招募了大批志愿者到国家林区开沟挖渠、修建水库、植树造林,每人每月报酬30美元。1933~1939年,至少有300万人参加了这一计划。这项措施既帮助失业者解决了就业问题,又种了无数棵树,营造了防风林带,为缚住沙尘暴立下汗马功劳。到1938年,南部65%的土壤已被固定住。第二年,农民们终于迎来了久盼的大雨,大平原地区的沙尘暴天气开始逐渐好转,美国人在与沙尘暴的战争中终于获得初步胜利。

☞ 罗斯福大草原林业工程

"大草原各州林业工程",通常称为"防护林带工程",是美国林业史上最大的工程。F·D·罗斯福自始至终主持了这项工程的决策、规划和实施。这项规模宏大的大草原农田防护林工程在中国又称之为"罗斯福防护林工程"。半个多世纪过去了,这一曾举世瞩目的林业项目在美国林业领域仍影响深远。

✵ 工程的形成与实施背景

F·D·罗斯福当选总统时,正逢美国经济严重萧条,失业人口成千上万。与此同时,森林和自然公园火灾频起,大面积森林处于无人管护的荒芜状态,大草原沙尘暴肆虐,搅得人心惶惶。罗斯福上任伊始,便开始推行"新政",发动建立"民间自然保护军团",吸收大批城镇失业青年参加森林和自然公园的防火灭火,开展大面积森林管护及修建道路工作。

1933 年 8 月 15 日美国林务局提出报告,认为要缓和风沙危害,必须营造防护林带。此次所设想的林带轮廓是:从加拿大边境直到墨西哥湾,长 2300km,宽 321.8km;林带由许多条树木带组成,每条树木带宽 30.48m,包含 10 行到 20 行树木;树木带之间距离不少于 1.6km。也就是要在美国大陆中部束上一条防护林腰带,以堵截来自西面的干旱风。

当时总统与专家们的看法有所出入。几经讨论,专家采取较为灵活的态度降低成本。但在工程计划酝酿形成过程的 1933 年秋到 1934 年春,美国国内出现一些严重事态:大草原各州的破产者大量涌入经济情况较好的州和城市,引起大范围的社会不安和恐慌,加速了工程计划的诞生。

1934 年 5 月 28 日,专家们再次建议,把原设想的防护林带缩短,从北达科他州的俾斯麦延伸到得克萨斯州的阿马略以南。在林带所及的 6 个州,每个州建两个苗圃,预计 10 年内出苗 7 亿株,1934 年开始采种,1935 年开始育苗,1937 年开始大规模造林。

1934 年 7 月 11 日,罗斯福发布命令,宣告大草原各州防护林带工程计划诞生,并提请国会拨款 7500 万美元作为工程费用。这些经费用于采种、育苗、土地问题谈判、植树、补植、建篱笆、防止鼠兔动物危害、林带管理、科学研究、公共关系、设备供应、劳力安排和组织等一系列工作。

1934 年 10 月 10 日,农业部组织各方面的技术人员和专家调查核实林带的地域范围。他们最后核定的范围是:北起北达科他州的北部边境,沿西经 99 度向南延伸,至堪萨斯和俄克拉何马两州边界折而向西,然后再沿西经 100 度南行,到得克萨斯州阿比林以北的地方为止,全长 1850km,宽 160.9km。这个范围位于东部高草原与西部矮草原的中间地带,是森林生长的最西地段,再往西,树木就不易生长,无法成林了。如果把范围划在更靠东的地段,则将减少林带的防护效益。

❋ 工程建设后期

罗斯福防护林面积初时占农田总面积不足 1%。1942 年以后,直到 70 年代,大草原虽年年仍营造一些防护林,但规模却逐年缩小。美国林务局有官员撰文指出,大草原农田尚有 90%需要防护林保护。不少农场草场年平均雨水量不足 15 英寸,虽然更需要防护林,但造林极难成功。

造林分为更新造林、恢复造林和荒地造林。大草原农田防护林造林主要是在原先没有森林的土地上,即在非林地上造林。19 世纪中叶,大草原移民集中之日起,美国大草原的造林试验也就开始了。美国国会 1873 年曾颁布"木材培育法",鼓励在西部草原开展造林,旨在改善气候又培育供应木材。此法规定,凡在草原造林 16 公顷,并在 10 年内保持林木健康生长的个人,均可免费获得 64 公顷土地。但因西部大草原不宜造林,气候条件、火灾、虫害以及人的欺诈行为导致造林彻底失败。获得土地并真正把林子造起来的人,少得可怜!

当初美国建国时,人口集中在大西洋沿岸东部的 13 个州。但 19 世纪中叶以后,中西部大草原地区人口显著增长。强度放牧和无节制垦殖导致草原生态系统的破坏。随着放牧垦殖不当,草原植被消失加剧,沙尘暴肆虐频繁起来。

罗斯福防护林工程建设于 1935 年春正式启动,在 1942 年栽植季结束时,共种植乔灌木 2 亿多株,这些林木分布在北自加拿大边境南至墨西哥湾的 6 个大草原州的 3 万余个农场里。8 年造林近 3 万平方千米,几乎都种植在私有的农地上。

美国林务局组织防护林项目的实施,在北达科他、南达科他、内布拉斯加、堪萨斯、俄克拉何马和得克萨斯 6 个州均设有防护林工程处,内布拉斯加州林肯市设有工程局。林业部门完成的第一个任务,也是最值得表彰的,就是保证了苗木供应。

1944 年对罗斯福防护林工程进行的普查显示,虽约有 10%造林消失或因放牧严重受害,但 80%以上被认定为发挥了有效或较好的作用。10 年以后,1954 年再次调查时,仍被认定为发挥有效或较好作用的降到 42%。旱灾、病虫害及放牧不当给大面积防护林敲响了丧钟。但凡是按要求认真营造起来的防护林,其大部分起到了计划所希望发挥的作用。

但到 20 世纪 60 年代至 70 年代,有些农场为扩大耕地和兴建中心喷灌系统,又毁了许多防护林。1975 年国家审计署长向国会作证时指出:"除非立即采取措施以鼓励农民更新和保护林带,否则我们多年营造的森林将会消失,其附近农田将再次遭受风灾侵袭,肥力将迅速下降。"美国《林业杂志》1990 年 1 月哀叹:"林带在死亡中!"一位长期在大草原基层从事技术工作的人指出,大草原防风林带是人类在林业方面的一项创举,但现在又可能是美国产粮大草原中趋于死亡的部分。令人不解的是,甚至农业部也有人想摆脱农田防护林,因为防护林耗去大量水分,又占去许多肥沃的农田。

罗斯福防护林工程再一次成为关注焦点。

☞ 沙漠化与荒漠化

荒漠是指气候干燥、降水稀少、蒸发量大、植被贫乏的地区,或是一种几乎完全没有植被和良好土壤发育的土地。该区域气候变化剧烈,风力作用强烈。按地貌形态和地表组成物质可分为:

1)石漠和岩漠(也称石质荒漠)

2)砾漠或戈壁(也称砾质荒漠)

3)沙漠(也称沙质荒漠)

4)泥漠或粘漠(也称泥质或粘质荒漠)

5)盐漠(也称盐质荒漠)

按生物气候带或生态系统类型可划分为:

1)草原化荒漠(干燥度 4~8)

2)典型荒漠(干燥度 8~16)

3)干旱荒漠(干燥度 16~32)

4)极端干旱荒漠(干燥度≥32)

"荒漠化是指包括气候变化和人类活动在内的种种因素造成的干旱、半干旱和亚湿润干旱地区的土地退化。"这是 1994 年 6 月 7 日在巴黎通过的《联合国关于在发生严重干旱和/或荒漠化的国家特别是在非洲防治荒漠化的公约》(1996 年 12 月正式生效)给荒漠化的定义。

从成因上分,荒漠化主要包括风蚀荒漠化、水蚀荒漠化、盐渍荒漠化和冻融荒漠化等(下图)。

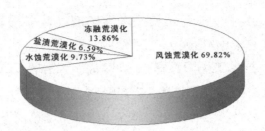

冻融荒漠化
13.86%
盐渍荒漠化 6.59%
水蚀荒漠化 9.73%
风蚀荒漠化 69.82%

图 28　荒漠化成因分类图

❋ 风蚀荒漠化

风蚀荒漠化是指在极端干旱、干旱、半干旱地区和部分半湿润半干旱地区,由于不合理的人类活动破坏了脆弱的生态平衡,原非沙漠地区出现了以风沙活动为主要特征的类似沙漠景观及土地生产力水平降低的环境退化过程。风蚀荒漠化也称沙质荒漠化(沙漠化),是在所有荒漠化类型中占据土地面积最大、分布范围最广的种荒漠化,主要分布在西北干旱地区,另外在藏北高原、东北地区的西部和华北地区的北部也有较大面积分布。

沙尘暴是一种在风蚀荒漠化分布区常见的天气现象,是衡量一个地区荒漠化程度的重要指标之一,它的形成受到自然因素和人为因素的共同影响。沙尘暴在我国境内的源地主要位于西北地区及内蒙古的西部、中东部,与我国风蚀荒漠化的分布地区基本一致。

❋ 水蚀荒漠化

水蚀荒漠化是指在地貌、植物、水文、气候等自然因素以及人为因素影响下主要由水蚀作用造成的荒漠化,其分布区主要集中在一些河流的中、上游及一些山脉的山麓。依地质背景之不同,水蚀荒漠化可分为土漠化和岩漠化两类,前者主要分布在北方中部黄土高原地区、内蒙古东部科尔沁沙地南侧的黄土分布区等,后者主要分布在太行山北部、辽宁西北部的基岩山区。

属于土质荒漠化的红色荒漠化(红漠化)是指我国南方的红壤丘陵区在人类不合理经济活动和脆弱生态环境的相互作用下被流水侵蚀而形成的以地表出现劣地为标志的严重土地退化。由于地表的红壤已被暴雨重刷殆尽,地面的红色母岩已完全裸露,红漠化严重的地区寸草不

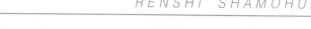

生,成了名副其实的"红色丘陵"。

❋ 盐渍荒漠化

盐渍荒漠化主要是指在干旱、半干旱和半湿润地区,由于高温干燥、蒸发强烈,土壤中上升水流占绝对优势,淋溶和脱盐作用微弱,土壤普遍积盐,形成大面积盐碱化土地的过程。盐渍荒漠化比较集中地连片分布在塔里木盆地周边绿洲、天山北麓山前冲积平原地带、河套平原、宁夏平原、华北平原及黄河三角洲,在青藏高原的高海拔地区也有大面积分布。

土壤次生盐渍化也是盐渍荒漠化的类型之一,尤其是在些干旱和半干旱地区,土壤惟有依靠地表水灌溉才能发展农业。而如果人类采取的灌溉措施不合理,再加上蒸发强烈,这些地区就极易出现地表盐分的积累。

❋ 冻融荒漠化

冻融荒漠化是指在昼夜或季节温差较大的地区,在气候变异或人为活动的影响下,岩体或土壤由于剧烈的热胀冷缩而出现结构被破坏或质量下降,造成植被减少,土壤退化的土地退化过程

冻融荒漠化是我国温度较低的高原所特有的荒漠化类型,主要分布在青藏高原的高海拔地区。独特而脆弱的生态环境使青藏高原具备了冻融荒漠化形成、发育的物质基础和动力条件,而较大面积的冻融荒漠化土地又给高原的可持续发展带来了巨大的环境压力。

从表现形式上分,主要包括沙质荒漠化、盐渍荒漠化、石质荒漠化等等。沙质荒漠化即沙漠化,是荒漠化最主要的表现形式。包括气候变异和人类活动在内的种种因素造成的干旱、半干旱和亚湿润干旱地区的土地退化。狭义的荒漠化(即:沙漠化)是指在脆弱的生态系统下,自然因素加人为过度干预,使原非沙漠的地区出现了类似沙漠景观的环境变化过程,其中包括:

1)岩漠(石质荒漠)

2)砾漠(砾石荒漠)

3)沙漠(沙质荒漠)

4)泥漠(黏土荒漠)

2011 年 1 月国家林业局公布的全国第四次荒漠化监测结果就可以看出,我国的荒漠化主要发生在新疆、甘肃、内蒙古中西部及青海等省区(下图)。

图 29　全国荒漠化现状图(国家林业局荒漠化监测中心)

第二部分 探 讨

☞ "向沙漠进军"一文是在什么背景下写作的？

1961 年 2 月 9 日,竺可桢先生在《人民日报》发表了"向沙漠进军"一文。时过 50 多年,有人对竺可桢先生"向沙漠进军"一文提出了一些非议,好像"向沙漠进军"就是不尊重自然,就是侵犯了自然。

要正确理解竺可桢先生"向沙漠进军"一文的意义,有必要了解一下当时的写作背景:

有资料记载,新中国成立前,曾有外国人考察过中国的沙漠。但在我国,真正意义上的沙漠考察及其科研只是新中国成立以后的事。

1955 年,中国科学院成立了黄河中游水土保持综合考察队。1956年,黄河综合考察队兵分两路进行考察,其中陕北分队考察了榆林、绥德、三边及宁夏的盐池、同心等地区,初步认识到这些地区的沙漠化危害和水土流失一样严重,同时认识到风蚀和水蚀是两种不同的土壤侵蚀现象。鉴于此,1957 年黄河考察队在内部组建了固沙分队,并在宁夏沙坡头铁路沿线进行治沙规划。固沙分队组建后在内蒙古、陕北、宁夏一带考察时,向内蒙古党委作了汇报了,内蒙古自治区党委书记王铎听了汇报后提出了三点要求,其中之一是建议召开西北及内蒙古六省(区)治沙会议。

1958 年 10 月 28 日至 11 月 2 日,经中共中央批准,由中央工作部、国务院第七办公室及国务院科学规划委员会主持在呼和浩特如开了"内蒙古及西北五省(区)治沙规划会议",会议提出了"全党动手,全民动员;全面规划,综合治理;除害与兴利相结合,改善与利用相结合;因地地制宜,因害设防;生物措施与工程措施相结合,大量造林种草和巩固现有植被相结合"的治沙方针及"由近及远,先易后难"的治理步骤,会议决定由中国科学院组织领导全国的治沙科学技术工作。根据这次会议精神,中国科学院成立了治沙队,并于 1959 年 1 月 16 日至 23 日举行了治沙队工作计划会议。中科院治沙队成立后,总结山西省王家沟在小流域治理方面的成功经验,决定在西北及内蒙古建立 6 个综合治沙试验站,这 6 个综合治沙试验站是:磴口(内蒙古)治沙综合试验站,民勤(甘肃)治沙综合试验站,榆林(陕西)治沙综合试验站,灵武(宁夏)治沙综合试验站,托克逊(新疆)治沙综合试验站,格尔木(青海)治沙综合试验站,同时还组建了 20 个治沙研究中心站和 32 个沙漠考察队。殊不知,同年竺可桢先生在《人民日报》上还发表另一篇文章"改造沙漠是我们的历史任务"。

由此可见,当时是我国沙漠科学的初创阶段,是我们初步认识沙漠、了解沙漠的阶段。了解沙漠、认识沙漠,深入沙漠进行考察不也是进军沙漠吗?难道进军就是打仗,"向沙漠进军"就是违背自然规律,就是侵犯自然吗?

1956 年 1 月 14 日至 20 日中共中央于在北京召开了关于知识分子问题会议。在这次大会上,党中央发出了"向科学进军"的伟大号召,随后国务院先后制定出发展科学技术的"12 年规划"和"10 年规划",科技事业进入了一个有计划的蓬勃发展新阶段。两个规划的实施催生了以"两弹一星"为代表的一大批科技成果,促进了一系列新兴工业部门和产业的诞生,国家实力提升,国人志气大长。因此,1956 年是中国现代科学技术发展史上具有里程碑意义的一年。

竺可桢被公认为中国气象、地理学界的"一代宗师",他在担任中国科学技术协会副主席、中科院副院长期间,曾多次深入沙漠考察,对我国沙漠科学的发展做出了不可磨来的贡献。竺可桢先生亲自组织领导过生物资源考察、沙漠考察和西部地区南水北调等 10 个考察队,他三次深入沙漠考察,他的足迹遍及除西藏与台湾之外的全国各省区,考察地区占全国面积 60% 以上,所得资料填补了我国许多方面的空白。

第一部分　认识

竺可桢先生不仅是一位著名的科学家，而且是一名著名的科普学家，他认为科研和科普是科学技术发展不可缺少的两条翅膀。据统计，他一生发表过 68 篇科普文章，其中气象、气候、物候方面 36 篇，自然保护和自然改造方面 17 篇，地理方面 9 篇，地学方面 6 篇。

《向沙漠进军》原文

竺可桢

沙漠是人类最顽强的自然敌人之一。有史以来，人类就同沙漠不断地斗争。但是从古代的传说和史书的记载看来，过去人类没有能征服沙漠，若干住人的地区反而为沙漠所并吞。

地中海沿岸被称为西方文明的摇篮。古代埃及、巴比伦和希腊的文明都是在这里产生和发展起来的。但是两三千年来，这个区域不断受到风沙的侵占，有些部分逐渐变成荒漠了。

我国陕西榆林地区，雨量还充沛，在明末清初的时候是个天然草原区，没有多少风沙。到了清朝乾隆年间，陕西和山西北部许多人移居到榆林以北关外去开垦。当时的政府根本不关心农业生产事业，生产技术又不高，垦荒伐木，致使原来的草地露出了泥土，日晒风吹，尘沙就到处飞扬。由于长城外的风沙侵入，榆林城也受袭击，到解放以前，榆林地区关外三十千米都变成沙漠了。

沙漠逞强施威，所用的武器是风和沙。风沙的进攻主要有两种方式。一种可以称为"游击战"。狂风一起，沙粒随风飞扬，风愈大，沙的打击力愈强。春天四五月间禾苗刚出土，正是狂风肆虐的时候，一次大风沙袭击，可以把幼苗全部打死，甚至连根拔起。沿长城一带风沙大的地区，农民常常要补种两三次才能有点收获。一种可以称为"阵地战"，就是风推动沙丘，缓缓前进。沙丘的高度一般从几米到几十米，也有高达一百米以上的。沙丘的前进并不是整体移动的。当风速达到每秒五米以上的时候，沙丘迎风面的沙粒就成批地随风移动，从沙丘的底部移到顶部，过了顶部，由于风速减弱，就在背风面的坡上落下。所以部分沙粒的移动虽然相当快，每天可以移动几米到几十米，可是整个沙丘波浪式地前进，移动速度并不快，每年不过五米到十米。几个沙丘常常联在一起，成为沙丘链。沙丘的移动虽然慢，可是所到之处，森林全被摧毁，田园全被埋葬，城郭变成丘墟。

抵御风沙袭击的方法是培植防护林。防护林的主要作用是减小风的力量。风遇到防护林，速度就减小百分之七十到百分之八十。到距离防护林等于林木高度二十倍的地方，风又恢复原来的速度。所以防护林必须是并行排列的许多林带，两列之间的距离不要超过林木高度的二十倍。其次是培植草皮。有了草皮覆盖地面，即使有风，刮起的沙也不多，这就减少了沙粒的来源。

抵御沙丘进攻的方法是植树种草。我国沙荒地区，有一部分沙丘已经长了草皮和灌木，不在转移阵地了。这种固定的沙丘，只要能妥善保护草皮和灌木，防止过度砍伐和任意放牧，就可以固定下来。根据近年治沙的经验，陕北榆林、内蒙古磴口、甘肃民勤地区的流动沙丘，表面干沙层的厚度一般不超过十厘米。十厘米以下，水分含量逐渐增大，到四十厘米的深处，水分含量达到百分之二以上，这就是湿沙层了。湿沙层的水分足够供应固定沙丘的植物的需要。所以在流动沙丘上植树种草，是可以成活的。林木和草粒成长以后，沙丘就可以固定下来了。

仅仅防御风沙袭击，固定沙丘阵地，还只是采取守势，自然是不够的。征服沙漠的最主要的武器是水。无论植树还是种草，土壤中必须有充足的水分。所以要取得向沙漠进军的胜利，必须有充足的水源。

我国内蒙古东部和陕西、山西北部有足够的雨量。就是西北干旱地区，地面径流和地下潜水也是很大的。有些沙荒地区，如河西走廊、柴达木、新疆北部准噶尔和新疆南部塔里木，都是盆地，周围的高山上有大量的积雪。这样看来，只要能充分利用这些水源，我们向沙漠进军不但有收复失地的把握，而且能在大沙漠里开辟出若干绿洲来。普通河流愈到下游，水量愈多，河流愈大。但在沙漠中，因空气的蒸发，泥土的浸润，河流反而愈流愈小，终至于干涸不见，一部分水被蒸发到空中，一部分浸入到土壤岩隙中成为地下水。如地质构造是一个盆地，则能汇成地下海，可以作为建立绿洲的水源。据中国科学院综合考察委员会的调查，只要有水源，单新疆尚有一亿亩荒地可以开垦。

沙漠是可以征服的。新疆建设兵团在天山南北建立国营农场，开沟挖渠，种麦种棉植树，那里原是不毛之地，现在一片葱茏，俨然成为绿

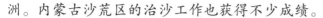

洲。内蒙古沙荒区的治沙工作也获得不少成绩。

我们向沙漠进军,不但保护了农田,开辟了绿洲,而且对交通线路也起了防护作用。包兰铁路从银川到兰州的一段,要经过腾格里沙漠,其间中卫县沙坡头一带,风沙特别厉害。那里沙多风大,一次大风沙就可以把铁路淹没。有关部门在1956年成立了沙坡头治沙站,进行固沙造林。这一工作已经提前完成,包兰铁路通车以来,火车在沙漠上行驶,从来没有因为风沙的侵袭而发生事故。

风是沙漠向人类进攻武器,但是也可以为人类造福。沙漠地区地势平坦,风力很强。如新疆的星星峡、托克逊、达坂城都是著名的风口。中国科学院力学研究所在托克逊地方试制了半径二米的风力车,可以供发电、汲水、磨面之用。

沙漠地区空气干燥,日光的照射特别强烈。那里日照时间又特别长,一年达到三千小时,而长江流域只有一千五百小时,华北地区也不过二千五百小时。日光可以用来发电,取暖,煮水,做饭。沙漠湖水含盐,日光使水蒸发,可以取得蒸馏水和盐。把日光变为热能和电能的最良好的工具是半导体,估计将来有可能在沙漠里用便宜的半导体作屋顶,人住在里边冬天不冷,夏天不热。

从上面介绍的一些情况,可以清楚地认识到,人类征服沙漠的远大理想在社会主义制度下会更快的成为现实。我们一定能逐步改造沙漠,使沙漠变成耕地和牧场,为人民服务。(原载:1961年2月9日《人民日报》)

☞ 民勤属于腾格里沙漠还是巴丹吉林沙漠?

民勤县属于哪个沙漠,众说不一,有人的说以属于巴丹吉林沙漠,有的人说属于腾格里沙漠。更有甚者,干脆以石羊河(洪水河及"跃进渠")为界,将其以西说成是巴丹吉林沙漠,以东说成是腾格里沙漠。

内陆河流域沙漠的形成一般是以盆地为单元的。腾格里沙漠盆地四周唯有南部祁连山最大,民勤县和腾格里沙漠处于同一个盆地内部(下图)。

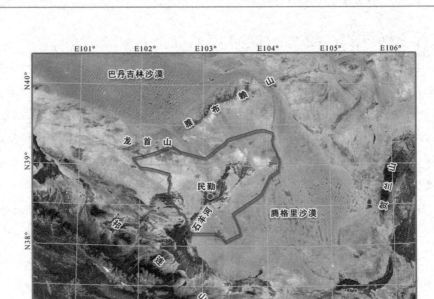

图 30   民勤县与腾格里沙漠的关系

其一,从地势上看,石羊河下游民勤沙区居于以腾格里沙漠为中心的盆地西缘,民勤西北侧为巴丹吉林沙漠,但有龙首山和雅布赖山相隔,龙首山和雅布赖山人交界处海拔约 1500m 左右,较民勤西沙窝高出约 125m,且两山分界口很小,巴凡吉林沙漠只有经过龙首山和雅布赖山口进入民勤境内的风积沙。

其二,民勤县和腾格里沙漠的南部及西南部为祁连山系及其龙首山脉,北部为雅布赖山,东侧为贺兰山,四周唯有祁连山海拔最高,腾格里沙漠的形成与祁连山有着不可分割的联系。冯绳武先生研究认为,民勤盆地的原始社会晚期水域面积达 4000km²,当时的莱伏山、狼刨泉山可能为湖中半岛。在西汉以后的数百年间,石羊河携带大量泥沙,下游三角洲冲积扇不断向北延伸,渐与早期作为潴野泽北岸的莱伏山麓相连,至此,潴野泽分为西海(休屠湖,现为民勤西沙窝)和东海(狭义的潴野泽,现为东北部湖区)两个湖。由于漂流携带大量泥沙,西海湖床抬升较快,石羊河主流不再流入西海。至汉末,在河床露头的地方出现了斑块状沙漠化。

其三,朱艳等人在石羊河下游民勤北部三角城全新世早期地层取样研究认为"孢粉组合中的云杉属、圆柏属等主要成分并不指示当地的植被状况,而指示流域上游祁连山山上的植被状况"。腾格里沙漠的形成与

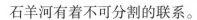

石羊河有着不可分割的联系。

鉴于此,可以认为以往关于民勤属于巴丹吉林沙漠的说法是错误的,以洪水河及"跃进渠"为界划分腾格里沙漠和巴丹吉林沙漠更是荒谬的。

腾格里沙漠介于北纬 37°30′~40°,东经 102°20′~106°,面积约4.27万平方千米,海拔 1200~1400m 左右,也就是四山环绕的腾格里盆地的范围。行政区划主要属阿拉善左旗,西部和东南边缘分别属于甘肃武威民勤、武威和宁夏的中卫市。沙漠包括北部的南吉岭和南部的腾格里两部分,习惯统称腾格里沙漠,为中国第四大沙漠。

☞ 青土湖你能告诉人们什么?

石羊河下游民勤北部曾经有个湖,名叫青土湖(见下图),据说曾经是碧波荡漾。后来这个湖干涸了,有人明确回答:青土湖消失的时间是1959 年。

青土湖为什么那么重要? 可能就因为它是石羊河流域下游民勤的最后一汪水。

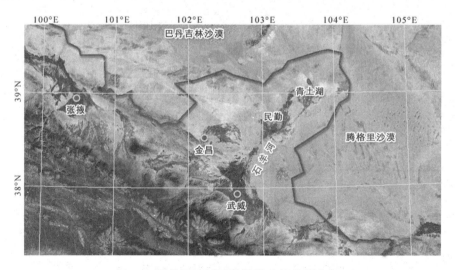

图 31 石羊河流域下游民勤北部的青土湖

据冯绳武先生研究,石羊河下游内陆盆地大致形成于白垩纪至第三纪。从白垩纪开始的史前时期至汉代以前,石羊河上游祁连山冰川水量充沛,中游即现今的武威绿洲有大量泉水溢出。据史料考证,民勤盆地的潴野泽在原始社会晚期水域面积达 4000km²,当时的莱伏山、苏武山及狼刨泉山可能为湖中半岛或岛屿,以游牧为生的部落民族长期环湖放牧。湖南岸由于石羊河主流的冲击,首先形成了较为广阔的冲击平原和湖滨三角洲。在汉武帝年间,石羊河流域河流纵横,湖泊星罗棋布。

至西汉开始的数百年间,由于石羊河(古称五谷水)携带泥沙,下游三角洲冲积扇不断向北延伸, 渐与早期作为潴野泽北岸半岛的莱伏山麓洪积扇相连,从而使潴野泽渐分为西海(休屠泽)和东海(狭窄的潴野泽)两个湖(见下图"潴野泽时期的民勤")。由于西海和东海两侧均有大河汇入,携带泥沙较多,冲积平原迅速向湖心扩展,湖床抬升较快,故此之后,石羊河主流不再流入西海,至汉末在湖床出露地方出现了最早的班块状沙漠化。

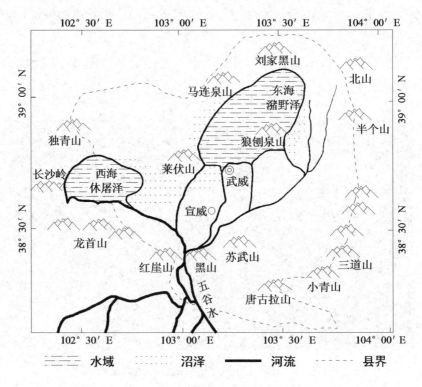

图 32　潴野泽时期的民勤水系(冯绳武)

随着中上游武威—古浪绿洲面积的扩大,农业用水的日益增加,下游供水量迅速减少,上下游水资源失衡。由于上游截流,下游地区水量越显不足,农田弃耕,弃耕后的农田沙漠化。

2013年5月26日中国新闻网报道,干涸达半个世纪的甘肃民勤青土湖"碧波重现"。"目前青土湖形成的水域面积仍有8km²,青土湖当前地下水位上升至3.41m,较2007年上升0.61m。"

石羊河发源于祁连山,位于石羊河下游尾闾的青土湖,其沉积层中自然记录了腾格里沙漠的水资源及其环境信息,也记录有上游祁连山植物的孢粉信息。青土湖作为石羊河流域和腾格里沙漠历史变迁的环境信息库发挥了应有的作用。笔者几年前网上检索,只有关青土湖的硕博论文就有70余篇,其他有关青土湖的研究论文多达数百篇。

在一个区域内的地下水是被地下隔水层分割成若干个单元的,当地下水位较高且这若干个单元相互连通时,在某一处提取地下水,将会影响到连通区域内的地下水位变化。而但当地下水位下降至其中的一个或几个储水单元被分隔开时,在该区域内提取地下水,将不会影响到独立单元的地下水位变化(见下图)。同样的道理,当该独立单元的地下水位下降到一定程度时,如果给这一独立单元供水,时此将不会引起整个区域地下水位的上升,如下图中,除非B点的湖面水位超过了B点与A点之间的地下隔水层高度。

青土湖的水消失了,沙漠地区的水域消失是一种自然过程,只不过人为加速了这种过程;

青土湖的水域再现了,再现的原因是人工从外流域引流的结果,引流的结果只是暂时中断了这一自然过程。

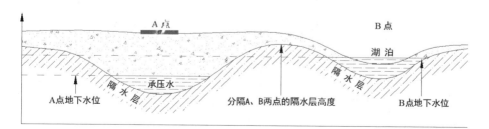

图33 湖泊与地下承压水的关系

☞ 每亩45株梭梭有意义吗?

梭梭林在从幼林到成林的发展过程中,由于林地水分条件逐渐变差,林分密度不断下降。梭梭栽植初期,由于历年储存下来的沙丘较适合梭梭生长,因而植株生长较旺盛,林内很少有枯株。到7~8年生左右时,植株个体增大,耗水量也随之加大,大量消耗沙丘水分,林分开始衰退,出现枯枝现象。到10~15年生时,植株只能依靠降水维持生存,林木个体之间竞争强烈,林分自然稀疏。到18年生以后,林分密谋已下降至600 株·hm^{-2} 左右,之后基本保持相对稳定,0~200 cm 沙层含水率也基本稳定在 1.2 %左右。此时,梭梭生长量很小,普遍出现枯梢、颓顶,只能维持最低的生存(下图)。

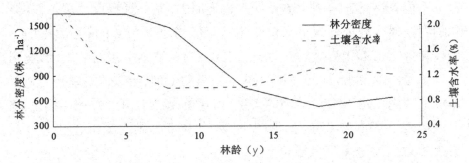

图34　民(民勤)昌(金昌)公路15公里路边梭梭林密度(李爱德)

稳定后的梭梭林分密度为 600 株·hm^{-2}(即每亩45株)。每株冠幅以 1.2 m×1.2 m 计算,投影盖度(扣除冠幅内的空隙)以 0.5 计算,则纯盖度这 4.32 %。我们一般认为植被盖度低于 15%为流动沙丘,植被盖度 15%~30%为半固定沙丘,植被盖度 30%以上才为固定沙丘。我们以前有种说法叫做"寸草遮丈风,流沙滚不动"。肯定地说,4.32%的植被盖度是有防风作用的。这里需要我们认真考虑的问题就是:在数理统计学上有个"显著性"的概念,那么,这一低于5%的植被盖度在防风固沙方面是有显著作用呢,还是其作用可以忽略不计呢? 我们有什么方法来检验防风固沙效益的性呢?

在民勤沙区,梭梭的造林密度一般是 1665 株·hm^{-2},即株行距 2m×

3m,而每公顷梭梭的造林成本大体需要 7125 元(种苗费 375 元,造林人工 4500 元,灌溉一次 2250 元,不考虑压沙障的费用)。其成本从初植 1665 株时的每株 64.20 元上升为保存株数 600 株(每亩 45 株)时的每株 158.40 元,这就是我们为此"寸草"付出的代价!

再者,梭梭林稳定后,0~200cm 沙层含水率也基本稳定在 1.2%左右,最后剩下的植株严重枯枝枯梢,蒸腾作用微弱,干旱年份停止开花、结实,且由于沙丘土壤水分条件很差,一般年份其他天然植物如沙蒿等也分布很少。

☞ 植物园封护区蕴藏了什么信息?

民勤沙生植物园曾被誉是"镶嵌在大漠上的一颗绿色明珠"。在植物园院区的南面有一块封育区,面积约 1.8 hm²(下图:民勤沙生植物园白刺封育区)。以前这里是白刺沙包,1974 年建造民勤沙生植物园时,将此处规划为白刺封育区。

图 35　民勤沙生植物园白刺封育区

1981 年,民勤沙生植物园建成并通过鉴定验收,至此,植物园各区的林带、林网已初步建成并开始发挥防护作用。于是,在封育区的西北方向形成了约 320m 宽的高大乔木林网、乔灌木林带。20 世纪 80 年代以来,封育区的白刺逐渐开始衰退、死亡,到 90 年代,存活植株所剩无几,目前的白刺封育区已经不见了白刺的踪影,而在原沙包表面形成了一层黑褐色的结皮。

问题之一:为什么白刺这样不尽人情,封育后的白刺反而死亡呢?

白刺是一种功能很强的固沙阻沙灌木,枝叶稠密。白刺的茎沙埋后可产生不定根(根系风蚀裸露后也可产生枝叶),当风沙流经过时它能大量阻截流沙,形成白刺沙包,白刺沙包沙埋一次,长高一次。在民勤沙区,白刺沙包可达 4~5m 高。上述的白刺沙包上风向(主风向为 NW)有高大、密实的防护林阻挡,没有了流沙的来源,这就是白刺死亡的原因所在。为什么白刺沙包没有了沙源的沙埋就会死亡?这似乎还是个尚未解决的科学问题。笔者分析,其一,可能白刺的新根与老根的活力差异很大,沙埋后产生的新的不定根能大量吸收沙面表层水分,而老根系因退化而活力显著降低。其二,离开了沙源的沙埋,白刺沙包表层的细沙易形成结皮,结皮阻止了降水的下渗,即白刺死亡是缺水所致。

问题之二:为什么在这里的白刺死亡后沙包上能形成黑褐色结皮,在民勤沙区死亡的白刺沙包并不罕见,而为什么其他地方死亡的白刺沙包上不能形成黑褐色结皮呢?笔者认为:在民勤沙区其他地方的白刺沙包失去沙源后就退化,退化后就开始被风蚀,而此处退化白刺沙包在封育区内,上风向有高大的杨树林带遮挡,因此没有风蚀,沙包表面很稳定,所以形成了黑褐色结皮。至于这一解释正确与否,尚待测定研究才可得知。

图 36　白刺沙包图

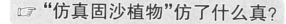

✻ 仿得什么真

仿真植物对我们大家并不陌生,在街道、广场、宾馆、宴会厅、歌舞厅等处经常可以看到摆放的各种塑料花、塑料树、塑料藤等等,栩栩如生,很是逼真。目前,市场上的仿真植物种类丰富,几乎是应有尽有。

2007年甘肃省治沙研究所申请获得了国家实用新型专利"仿真固沙植物"。利用仿真植物固沙是个不错的想法:其一,仿真仿生景观植物不受阳光、空气、水分、季节等自然条件的制约,可以营造出四季如春的沙漠景观。其二,无需浇水、施肥,不用担心植物枯萎凋落,可大量节省费用。

仿真因目的不同而有较大差别,前面说的市场上的仿真植物,仿的是视觉上的逼真,要的是观赏效果。而仿真固沙植物,需要仿的是植物防风固沙的功能,而主要不是视觉上的逼真和观赏效果。

✻ 为什么要仿真

"仿真固沙植物"要仿的是植物的防风固沙功能,然而,沙漠里生长的植物的形态是适应沙漠环境的结果而不是为了利于防沙治沙。那么,为什么要仿这个真呢,这是其一。其二,如果要仿的真是"像"沙漠里生长的植物,那就事倍功半、得不偿失了,因为我们在沙漠里栽植植物的目的是为了发挥植物特有的防风固沙作用,而不是为了观赏。更何况,如果是为了观赏,则不需要把人造的东西拿到沙漠里去。

✻ 能仿得真吗

仿真的手段是仿,目标是真,而固沙植物的功能是防风固沙。植物防风固沙的生态功能主要体现在能进行光合、呼吸、蒸腾等一系列的生理活动,不仅能自然生长,而且能转化和消耗太阳能,调节气温,能有效减缓沙面由于太阳辐射增温而引发风沙流和沙尘暴,这才是植物防风固沙的特殊功能。其次才是植株体作为一种障碍物的阻挡流沙的作为。

仿真固沙植物能真正实现防风固沙功能吗?从词组上看,"仿真固沙植物"是个偏正词组,被修饰的中心词是植物,而事实上它并非植物呀,与其叫"仿真固沙植物",倒不如叫"仿真植物沙障"或"塑料植物沙障"更准确。

☞ 行式沙障的角度是多少？

1957 年,前苏联专家彼得洛夫在宁夏沙坡头采用柴草沙障压沙,20 世纪 60 年代初民勤治沙综合试验站首创民黏土沙障压沙,到目前,我国沙区设置沙障的材料已经有许多,但就其设置格式,从过去到现在,基本还是两种,一种是方格式,一种是行式。

行式,也有人叫带状、横格式,但关于沙障的走向的说法或做法不统一:《甘肃沙漠与治理》(民勤治沙综合试验站编)中说:行的走向与主风方向的夹角略大于 90°(如下图),而实际设置时,也有的是沿沙丘等高线设置。不同的走向,其阻固流沙的效果肯定是不一样的,那么,为什么沙障与主风向的夹角要略大于 90°而不能略小于 90°呢? 究竟如何设置才是最科学的呢? 至目前好像还没有人直接回答过这一问题。

这里首先必须明确两个问题:其一,沙障有屯积流沙的功能,但其屯积沙量是有限的,尤其是低立式沙障,如常见的麦草沙障、粘土沙障等。其二,沙障屯积的沙量在未达到饱和前和在达到饱和后,黏障间的凹总是存在的,即每两条沙障间就有一个凹槽,因流沙绝大部分在近地表流动,所以沙障间的凹槽就在一定程度上输导了近地表流沙的走向。

基于以上两点,可以看出:当沙障与主风向夹角大于 90°时,带状沙障就有向沙丘迎风坡两侧输导地表风沙流的作用,而且这个角度越大,则输导的作用就越大(见下图),这样就可减缓沙丘的继续增高,但阻止风沙流的作用则相应减小了。

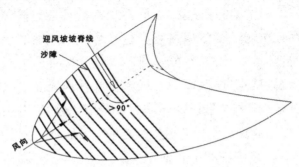

图 37　行式沙障的角度示意图

☞ 沙障的容积是多大？

在沙漠绿洲边缘，可以看到各种各样的沙障。沙障的作用，一是就地固沙，即固定设置了沙障的地表的流沙，不让其风蚀、流动；二是阻截容纳上风向来的流沙。

设置沙障后，流沙就会在沙障两侧堆积，如果沙障间距较大，两沙障的中间也会被风蚀，即在相隔两沙障间出现一个抛物线形的槽。这个槽的深度与沙障间距是成比例的，这个比例叫做蚀积系数。一般研究认为，在平地上沙障的蚀积系数为 1/12。

应用最普遍、最常见的是低立式沙障，一般高度为 20cm~30cm，如麦草沙障和黏土沙障，两沙障的间距为 2m~3m，大致沿垂直当地的主风方向设置。

以麦草沙障为例，设置高度为 30cm，当沙障间距为 3m 时，两沙障横切面中堆积流沙的面积约为相邻两沙障组成的长方形面积的 42%，即每亩沙障可容纳沙量为 666.7×0.3×0.42=84.0（m³）的流沙（下图 a）。当沙障间距为 2m 时，两沙障横切面中堆积流沙的面积约为相邻两沙障组成的长方形面积的 60.0%，即每亩沙障可容纳沙量为 666.7×0.3×0.60=120.0（m³）的流沙（下图 b）。

沙障一般设置在沙丘或起伏的沙地上，即当沙面具有一定坡度时，期间可容纳的流沙量会明显减少，如当沙面坡度为 15°时，3m 间距的沙障每亩沙障可容纳沙量仅为 62.8（m³）(下图 c）。主风向绝对不变，如在民勤沙区，主风向为 NW，而同时也有少量的 NNW 和 WNW 风向（下图d），此时，两沙障间的槽的底部应付变得较平坦，能容纳的流沙量会更少。

据观测，在民勤沙区，当上风向水源充足时，一两次较大的沙尘暴过程或风沙流过程就会使得这样的沙障的容沙量饱和。退一步讲，在民勤沙区一个春季的风沙流足以使得这样的沙障达到饱和。

达到饱和后的沙障再不具备阻截流沙的功能，此时的沙障和它所形成的凹凸沙面就只是风沙流的下垫面，就只有固定就地沙面的作用，而没有阻截过境流沙的作用。然而，我们在沙漠边缘或绿洲边缘设置沙障的宽度是很有限的,上风向的沙会源源不断,经过沙障传输到下风向。更何况,沙障都是有功能寿命的,尤其是柴草沙障。沙障的功能消失后,沙面会两次活化、流动。因此说,沙障还是一种治表不治本的固沙措施。

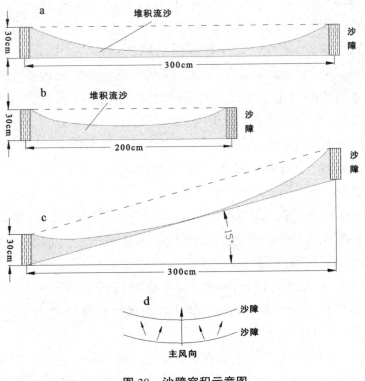

图 38　沙障容积示意图

☞ 为什么有的植物能积沙成丘?

在民勤沙区只有白刺、柽柳和麻黄 3 种植物能积沙成丘,白刺、柽柳能聚积成 3~5m 高的白刺沙包和柽柳沙包,而麻黄也可聚积 30~80cm 高的沙堆,其他植物均无此功能,这是为什么呢?

第一,这 3 种植物都是多年生灌木,基部枝叶稠密,能够阻截流沙。而沙蒿也是多年生灌木,为何不能积沙成丘呢? 原因是沙蒿枝条稀疏,在民勤沙区,沙蒿的冠内投影度一般低于 30%,且枝叶主要生长在枝条上部或稍端,因而不能积沙成丘。

第二,白刺、柽柳沙埋后能大量产生不定根,沙埋一次,长高一次,因此,白刺和柽柳能形成高大的白刺沙包和柽柳沙包。麻黄沙埋后不产生不定根,不能继续长高,因而只能形成 30~80cm 高的沙堆。

夏训诚等曾研究了塔克拉玛干沙漠南缘的柽柳沙包,当地柽柳沙包也没 3~10m,个别高可达 15m。柽柳沙包由柽柳枝叶和风成沙分层堆积而成,是在荒漠环境下由柽柳和风沙长期相互作用而形成的一种特有的生物地貌类型。夏训诚等研究发现,其中有些沙包具有清晰的“年层”构造,与树木年轮一样,具有计年和储存环境信息的功能,可以用来探讨和恢复过去气候和环境变化。但由于柽柳生长发育规律和研究区环境的复杂性,利用柽柳沙包年层在研究环境演变,在理论和实践上都有待进一步完善和提高。

白刺沙包也具有同样的积沙层,而且较柽柳沙包的积沙层更为明显,下图是民勤西沙窝白刺沙包积沙层纹理,利用白刺沙包积沙层纹理就可测定研究其表征的气候环境信息。

据此,能不能得出这样一个结论:凡是能积沙成丘的植物,其固沙的效果就比不能积沙成丘的植物的固沙效果好?进而可否将沙漠植物按其阻截流沙、就地固沙和防风分为 3 种,这样是不是更有利用研究不同植物的防风固沙功能和实践运用呢?这就是能积沙成丘的植物给我们的启示。

图39　民勤沙区白刺沙包积沙层

☞ 戈壁与沙尘暴的形成无关吗?

戈壁系指地面较平坦、组成物质较粗疏、气候干旱、植被稀少的广大地区中的砾质、石质荒漠。中国的戈壁广泛分布于温都尔庙—百灵庙—鄂托克旗—盐池一线西北的荒漠、半荒漠平地。我国戈壁总面积为 $45.8×10^4km^2$,占全国面积的 13.36%。其中新疆的戈壁面积为 $29.3×10^4km^2$,位居全国沙漠和戈壁面积的首位(下图)。

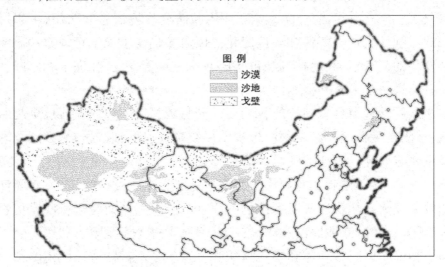

图 40　中国沙漠戈壁分布图

我国戈壁可分为剥蚀戈壁和堆积戈壁两大类型:

1)剥蚀类型戈壁:形成过程以剥蚀(侵蚀)作用为主,主要分布于内蒙古高原中西部及其边缘山地,又可分为剥蚀(侵蚀)石质戈壁和剥蚀(侵蚀)—坡积—洪积粗砾戈壁 2 个亚类,前者呈狭带状分布于马鬃山等内蒙古高原边缘山地及其山前地带,后者广布于内蒙古高原中西部,在马鬃山、天山等山麓地带也有狭带状分布。

2)堆积类型戈壁:形成过程以堆积作用为主,主要分布于塔里木盆地、准噶尔盆地、柴达木盆地和河西走廊等内陆盆地边缘及山麓地带。该类型包括下列 3 个亚类:一是坡积—洪积碎石和砾砂戈壁,主要分布于山间盆地的边缘和山麓地带;二是洪积—冲积砾石戈壁,分布面积在堆积类型中最为广阔,地貌上相当于山麓扇形地,地面绝大部分是砾石戈壁;三是冲积—洪积砂砾戈壁,多位于山麓冲积扇前缘或沿现代和古代河床及局部洼地分布,散布于绿洲或盐碱滩之中,面积不大,自然条件在各类戈壁中最为良好。

中科院寒旱所屈建军研究员等研究了戈壁区的风沙流结构特征;中科院寒旱所王慧等人还研究了鼎新戈壁下垫面近地层小气候及地表能量平衡特征;北京师范大学宋阳等人对我国北方戈壁、沙地等 5 种下垫面上大风日数与沙尘暴日数之间的关系进行了定量研究。甘肃省治沙研究所近期的调查结果表明,甘肃省有戈壁面积约 $8.55×10^4km^2$,占全省土地面积的 18.82%,占全国戈壁总面积的 18.67%。

过去有人曾认为戈壁地表较为稳定,主张不能轻易扰动戈壁。目前还没有的研究过戈壁对沙尘暴有贡献。这里就有 2 个问题值得提出来讨论一下:

其一,戈壁对沙尘暴有无贡献,有何贡献?

由前面的讨论已知,沙尘暴的形成必须同时具备物质源和动力源两个条件,干燥、裸露、松散的沙面是沙尘暴的物质源,大风是沙尘暴的动力源。戈壁的表面为砾石和粘土结皮,比较稳定,不易风蚀,对沙尘物质的贡献肯定少于裸露的沙面。但戈壁表面的砾石和粘土的比热容较小(见“各种沙障的利与弊”)。由于石块比沙粒的密度大,所以同质的石块的比热容较沙子更小。因此,当砾石覆盖比例达到或超过 50% 时,戈壁对沙尘暴形成的势力源的贡献比裸露的沙面更大。

其二,戈壁的分布对研究沙漠的形成有无意义,有何意义?

对有些沙漠、沙地的形成目前并不完全统一,尤其是具体到每一块沙漠的形成或者物质来源。应当说沙漠的形成往往和戈壁的形成是同出一撤,可以互为佐证。那么,结合戈壁的分布来研究沙漠的形成是不是更有说服力呢!

☞ 国外防沙治沙给我们的启示是什么?

　　1934 年春季的沙尘暴,扫荡了美国中西部大平原,使全国小麦减产 1/3。1935 年 5 月的黑风暴,横扫美国 2/3 的国度,使 3 亿吨肥沃表土被吹进大西洋,16 万农民受灾。据美国土壤保持局 1935~1975 年的 40 年间统计资料,美国大平原地区被沙尘暴破坏的面积高达 4000~6000 km²a⁻¹。为控制土地沙漠化和沙尘暴,美国推行了"农场法案",鼓励弃耕,政府采取补偿制度,建立自然保护区,恢复天然草原,休牧返林还草。在不到 5 年的时间内, 返林返草面积达 15.0×10⁴ km²,约占全国耕地总数的 10%,在此基础上建立自然保护区 144 个。美国主要是利用人退的办法成功遏制了困惑该国几十年的"黑风暴"。美国是世界经济强国和科技强国,他们为何不大规模造林治沙呢(他们以前曾营造过防沙林,后来停止了)? 这不得不让我们深思。依靠自然力成功恢复生态系统的还有荷兰和英国。日本也只在沿海营造海岸防护林。

　　相反地,前苏联自 1954—1963 年累计垦荒 60.0×10⁴ km²。由于缺乏防护措施,加之气候干旱,造成新垦荒地风蚀严重,春季疏松的表土被大风刮起,形成沙尘暴。1960 年 3 月和 4 月的沙尘暴席卷了俄罗斯南部广大平原,使春季作物受灾面积达 4.0×10⁴ km² 以上。1963 年沙尘暴受灾面积高达 20.0×10⁴ km²,沙尘暴同时殃及罗马尼亚、匈牙利和南斯拉夫等国。当年苏联出台了"斯大林改造大自然计划",倡导在草原区植树,同时继续发展灌溉农业。1949~1953 年,该工程营建防护林近 3.0×10⁴ km²,但到 60 年代末,保存下来的防护林面积只有 2% 而已。阿尔及利亚于 1975 年起沿撒哈拉沙漠北缘大规模种植松树,号称世界级造林工程。但由于缺少水资源很快变成了"纸上的防护林"。

　　关于防风固沙国内学者从不同角度提出过一些极有价值的观点,如 2006 年 6 月在北京召开的"石羊河·民勤荒漠化防治研讨会"上,中华环保基金会会长曲格平说:"片面追求 GDP 加速了荒漠化,并造成了非常严重的后果。"他说,在民勤这样的西北地区,绝不能把 GDP 增长当作唯一标准,要改变政绩观和考核指标体系。国家林业局治沙办公室主任刘拓认为,治理荒漠化必须和治水相结合,要充分考虑是否应该在民勤这样的荒漠化面积高达94%的地方大力发展经济。国家科协副主席、荒漠化治理研究专家刘恕认为,不能看见沙丘移动就去种树固定沙丘,缺水就去外地调水,这样的任何措施都是治标不治本的。

马克思主义认为,人类改造自然的能力是无限的,但在任何具体的时期,人类改造自然的能力又总是很有限的。分析国外造林治沙的教训,总结我国几十年防沙治沙的得与失,今后的防沙固沙主要应采取以下途径:

(1)**封育保护荒漠植被**　一是坚持以封育保护为主的原则,扩大封育区建设范围,对全部沙漠和沙漠化地区按照轻重程度划分不同级别的封育保护区;二是严格禁止在沙漠和沙漠化地区的人为干预活动,严格执行《防沙治沙法》中有关限制在沙漠中和沙荒地上开荒、打井、放牧、樵采、挖沙取土等规定。三是将20世纪80年代以来开垦的耕地退出来,退耕还荒还沙。

(2)**农业节水是关键**　沙漠生态环境的退化首先是由水资源的退化引起的,防沙治沙、防治沙漠化的根本措施是节约和保护水资源。为此,一是限制沙漠化地区的地下水资源开采量,压缩沙漠和沙漠化地区的耕地面积;二是建立水市场,用经济杠杆调整水资源分配,提高水资源的利用效益,据笔者所知,有的沙漠化严重地区,水资源缺乏,但农业用水浪费严重,水资源的利用效益低下。

(3)**限制大面积造林治沙**　改变以往“造林治沙”的观点,一是在沙漠中和沙荒地上以及沙漠公路沿线要严格限制造林。二是在林业行业行政管理方面,取消对沙漠和沙漠化分布省(区)、市(地)、县(旗)的造林绿化指标和森林覆盖率指标,尤其是县(旗)一级。

(4)**可利用农田灌溉渗漏水适当营造防风固沙林**　在不增加灌溉用水的情况下,在农田边缘利用农田灌溉渗漏水可适当营造防风固沙林,或者设置柴草沙障以防风阻沙,保护农田。

(5)**集雨防渗有研究和推广前途**　沙漠地区降水稀少且蒸发量大,大量降水被无效蒸发损耗。用塑膜在地表覆膜和在耕作层底部衬膜,可有效减少降水的无效蒸发损耗和下渗损耗,结合沙产业开发,可进一步试验、完善、推广。

☞ 民勤需要调多少水才能实现地下水位平衡?

民勤县的水资源开支项主要有三:

一是农业灌溉:"2011年民勤县国民经济和社会发展统计公报"称,当年全县耕地面积 $5×10^4km^2$(72.71万亩),用水 $3.505×10^8m$(相当于每亩耕地年平均灌溉用水量482.05m²)。

二是水面蒸发:红崖山水库正常水域面积约 30 km²,据民勤县政府报道网,青土湖水域面积 22.28 km²,两项合计 52.28 km²,民勤县多年平均蒸发量2623mm,降水量116mm,从蒸发量中扣除降水量后的蒸发量为2507mm,若以此蒸发量计算得的自由水面蒸发耗水量为 $1.311×10^8m^3$。

三是居民生活用水:若农业家用和居民生活用水按9:1计算,则居民用水量为 $0.389×10^8m^3$。

以上三项合计 $5.205×10^8m^3$。另据报道,民勤县当年实际境外调入水量0.4亿方。2011年蔡旗断面入境水量 $2.796×10^8m^3$,两项合计 $3.196×10^8m^3$;短缺 $2.009×10^8m^3$。

如果自由水面蒸发量按蒸发皿的80%计算(自由沙面蒸发量小于蒸发皿的蒸发量),则短缺 $1.747××10^8m^3$。

(以上只计算境外调水和地下水开采)

☞ 单一主风向地区新月形沙丘为何不能被削顶?

民勤沙区主风向为 NW,新月形沙丘走向为 NW—SE,当地起沙风速为 4.5~5.0 m·s^{-1}。每年春季大风季节前一般新月形沙丘观顶点与沙脊线是分离的。每年春季,当发生大风沙尘暴时,风沙流沿沙丘迎风坡上升,到达沙丘顶点后,载荷气流在惯性力的作用下,继续沿迎风坡面方向运行一段距离,而因沙丘顶点与沙脊线之间的高度低于沙丘顶点,在沙丘顶点与沙脊线之间存在一个弱风区。风沙流在越过沙丘顶点时,大量沙粒沉降,引起沙丘顶点前移,直到与沙脊线重合,之后再将大量沙粒降落到沙丘背风坡上部并向下自由滑落,沙丘前移(下图 a)。

经过春季大风季节后,民勤沙区新月形沙丘的最高点与沙脊线重合,而到了夏季,当地一般会出现 SE 风,当风速达到起沙风速时,SE 向(部分 ESE 及 SSE 向)起沙风将大量沙粒从背风坡吹起,越过沙脊线后继续沿背风坡方向上扬,风速越大上扬高度越高。由于背风坡较陡,加之沙粒较细,风沙流吹扬高度较高,风沙流中较粗的颗粒在沙丘迎风坡上部降落沉积,较细颗粒则飞扬到迎风坡下部甚至更远。如果夏季大于起沙风速的 SE 风较多,一方面沙丘背风坡上部风蚀,坡度变缓,沙丘最高点与沙脊线分离并向迎风坡方向移动,另一方面沙丘高度增高(下图b)。

在背风坡前滩地,正向风(NW)由远及近是减速过程,反向风(SE)由远及近是加速过程。新月形沙丘的两翼的廊道效应有助于加强反向风的作用,是沙丘增高的重要原因之一。

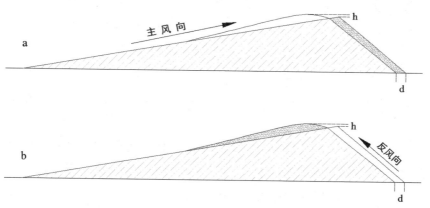

图41　新月形沙丘的两种风向过程

☞ 为什么说现在的许多治沙技术是治表不治本?

目前的防沙治沙技术有许多,归纳起来,一类叫做生物措施,另一类叫做非生物措施。生物措施主要是植物措施,即造林治沙和封育保护天然植被。非生物措施就是各种沙障防沙、固沙措施。

在降水量低于 200mm 且地下水位较深、植物无法利用地下水的干旱沙漠地区营造的固沙林,虽然有一定的防风和固沙作用,但由于水分因子限制,植被盖度较低,其固沙的功能是很有限的。更重要的是植被无法自然更新,其功能寿命也是很有限的。比如在民勤沙区,沙丘造林植物主要有梭梭和沙拐枣,沙荒滩地造林植物有毛条、柽柳等,幼苗期植被盖度较高,但到近成熟林期植被盖度大幅下降,无法利用地下水的沙荒滩地的毛条林、柽柳林盖度在 10% 左右,沙丘梭梭林植被盖度低于10%,投影盖度只有 4%~6%。我国划分流动沙丘/沙地、半固定沙丘/沙地和固定沙丘/沙地的标准是:植被盖度>30%是固定,15%~30%为半固定,<15%为流动,4%、5%的盖度,看似有植被,但实际效果近乎没有。在无法利用到地下水的沙荒滩地上均不能实现自然更新。因而,即便是有作用,其作用也是很有时限的。再退一步讲,假定就是有作用,能阻截堆积像林地面积这样大、梭梭林一样高的一个沙体,这对于沙漠化防治又有多大作用、多大意义呢!

无可非议,沙障具有阻沙固沙的功能。然而,其一,沙障的功能是有寿命的,比如民勤沙区常见的麦草沙障一般只有 7~8 年的寿命,以后怎么办?其二,沙障阻截上风向的来沙量是很有限的,一般不足沙障容积的 1/3。再退一步讲,沙障阻截上风向的来沙量等于沙障的容积,同样的道理,上风向的沙源一直存在,流沙源源不断,30cm 高的沙障能阻挡住流沙进入农田吗!

由此可见,沙漠边缘或称绿洲边缘造林治沙和沙障压沙都是治表不治本的,亦即不能从根本上控制流沙漫延,或者说,随着时间的推移,源源不断流沙会吞食或埋没这些沙障或灌木林,即使是造了死,死了再造,仍然是"前狼止而后狼又至"。

☞ 什么是防沙治沙的治本措施?

目前,沙漠化加剧的表现形式有:①水资源减少,主要表现为地表径流减少、湖泊减少,地下水位下降,干旱和半干旱地区潜在的沙漠化过程加剧;②干旱区植被稀疏化,地表风蚀强度增大,原有的耕地、草原沙化;③一些地区,沙尘暴天气增多,强度增大。

分析沙漠化加剧的原因,不外乎以下风个方面:

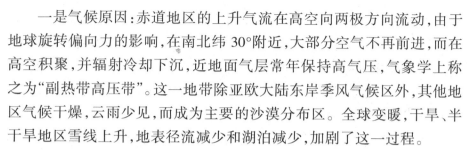

一是气候原因:赤道地区的上升气流在高空向两极方向流动,由于地球旋转偏向力的影响,在南北纬 30°附近,大部分空气不再前进,而在高空积聚,并辐射冷却下沉,近地面气层常年保持高气压,气象学上称之为"副热带高压带"。这一地带除亚欧大陆东岸季风气候区外,其他地区气候干燥,云雨少见,而成为主要的沙漠分布区。全球变暖,干旱、半干旱地区雪线上升,地表径流减少和湖泊减少,加剧了这一过程。

二是干旱蒸发量加大:在全球变暖的大背景下,干旱、半干旱地区河流、水域减少,蒸发量加大,沙漠植被退化或稀疏化,这是一个自然因素的过程。这一过程往往和人为因素交织在一起,比如民勤沙区和内蒙古中西部额济纳一带的沙漠化过程。

三是人为干预:随着科技发展、人口增加和社会需求的扩大,人为干预的范围和强度不断增大,如开荒、截留引用地表水、大量开采地下水、过度放牧、采挖植被、挖沙取土等现象在西北干旱、半干旱地区普遍存在。20 世纪 80 年代以来大面积开荒,大量提取地下水,后来又弃耕撂荒。有的地方在草原上采用推土机平整土地搞企业,在戈壁上推沙取土修筑公路、铁路,甚至大面积开发沙漠搞所谓的"沙产业"等等。

马克思主义认为,人类改造自然的能力是无限的,但在任何具体的时候人类改造自然的能力又是很有限的。目前,我们只能做的是遵从自然规律,控制人为因素。基于这种认识,治沙的治本措施主要如下:

1)抵御全球变暖

一是节能和提高能效,开发清洁能源,植树造林,合理使用土地(如退耕还林还草)等;二是改良作物品种,培育和选用抗逆品种,调整粮食产业结构和布局,发展节水农业等;三是加强水资源管理和调蓄,节约用水,开发空中水资源,海水淡化等;四是改进公共卫生基础设施,建立气候变化诱发疾病预警系统等;五是加强对海平面上升的监测,修建防护坝堤等。

2)保护荒漠生态系统

以往的状况是,我们一手植树种草,通过生物措施和工程措施防治沙漠化,另一只手却破坏荒漠生态系统,制造新的沙漠化土地。事实上,正是由于荒漠生态系统的破坏,尽管我们营造了"三北"防护林,实施了防沙治沙工程，却仍然未能在整体上遏制住沙漠化扩张的步伐。可以说，近半个世纪来，沙暴频频的真正原因，并非人工植被营造太少，而是天然植被破坏过甚。小环境的局部改善，抵消不了大环境的整体逆变。鉴于此，目前就必须调整防沙治沙战略，从片面重视发展人工植被转到保护沙漠植被；从单纯保护绿洲到积极保护包括绿洲在内的整个荒漠生态系统。只有重建荒漠生态系统，才能从根本上遏制住沙漠化扩展的势头，扭转防沙治沙和治理水土流失工作的被动局面，也才能切实有效地改善我国西北地区的大生态、大环境。

3）减少人为干预

众所周知，沙漠化的因素包括自然因素和人为因素。目前国内学术界已经公认，人为因素已经起主导作用。笔者曾分析过"石羊河下游沙漠化的自然因素和人为因素及其位移"，羊河下游民勤县在自汉代以来沙漠化和生态环境退化的漫长历史过程中，人为因素不断增强。20世纪中期以来，尤其是1958年红崖山水库建成以来，沙漠化过程中的人为因素占据了主导地位。

沙漠化的人为因素主要包括：过度垦殖、过度放牧、过度樵采、人口增长、不合理使用水资源、采矿、修路、城镇建设等等。

4）禁止盲目造林治沙

改变以往"造林治沙"的观点：一是在沙漠中和沙荒地上以及沙漠公路沿线要严格限制造林。二是在林业行业行政管理方面，取消对沙漠和沙漠化分布省（区）、市（地）、县（旗）的造林绿化指标和森林覆盖率指标，尤其是县（旗）一级。在甘肃河西沙区一些地方，盲目造林，追求森林覆盖度，有的甚至在远离农田、村庄的十几千米、几十千米外营造观光林、示范林，甚至在公路沿线的相对稳定的戈壁滩上造林，不仅劳民伤财，而且还会造成新的沙化。

第三部分 措 施

☞简化的植物蒸腾装置

2010~2012 年,甘肃省治沙研究所对民勤沙生植物园的原蒸腾场进行了改造, 改变原来的人工给水和记录为压力变送器进行水位控制和供水计量,由压力变送器传输蒸渗池水位信号,当达到供水水位(低水位)状态时,促使电磁阀产生动作开始供水,供水到恒定水位(高水位)时,电磁阀产生动作关闭水路。但这种由压力变送器控制水位的供水计量装置的目前尚不成熟,运行环节相对较复杂,如果其中的任何一个环节出现问题, 则影响测定结果的可靠性甚至一套装置不能进行正常观测,由此引起的维护费用也相当高。事实证明,装置改造后两年多时间,不但不能进行正常观测,一直处于调试阶段,而且时时出问题,维修工作一直没有间断。

在当时讨论改造植物蒸腾观测装置的时间,笔者曾建议过一种方案,但未被采纳。这种方案只需链接几个翻斗式雨量计即可。翻斗式雨量计技术成熟,且价格低廉,无需专业人员就可以自己安装使用。具体实现步骤如下:

保持原植物栽植桶(池)以及其中的植物、各层沙体均不变(见下图),在栽植桶内设计自由水面的桶的直径方向上,一端安装一个供水装置,用一个翻斗式雨量计自动计量供水量,即翻斗式雨量计以及供水管高于桶内自由水面,桶壁进水管口的下沿等于或略高于设计的自由水面。供水管上有一个可调节进水量的阀门,春夏季植物蒸腾量大,秋季最小,可根据经验数据将进水量调置到略大于蒸腾量。在栽植桶自由水面进水管口直径方向的另一端安置有一个排水管口，排水管口下沿等于桶内自由水面，即当供水量超过自由水面时多余的水从排水管口排出，排水管上接有一个翻斗式雨量计，可计量排出的水量（排水管翻斗式雨量计低于排水管口）。如此，每一个栽植桶上接一个进水翻斗式雨量计和一个排水翻斗式雨量计，由计算机自动记录，某一时间段（如一天）进水量减去排水量就是该时间段植物蒸腾和桶面蒸发量（桶中最上层有一定厚度的干沙层，即干沙层在毛管水长升高度以上）。

供水系统和排水系统可安装在地下。对于大气降水和以往一样，即将当地气象站记录的降水时直接加入到供水量记录中即可。当然，也可用塑料膜等覆盖栽植桶面，即不接收大气降水。

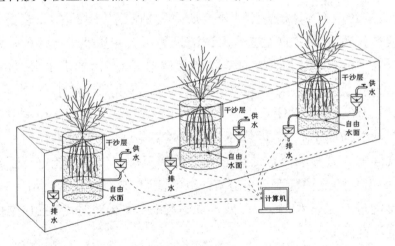

图 41 植物蒸腾自计仪装置示意图

☞ 一种称重式植物蒸腾装置

植物和植被的蒸腾以及土壤的蒸发是植物生态学和土壤生态学的重要观测研究内容之一。目前，关于植物（或植被）蒸腾及土壤蒸发的观测大致可分为非称量式和称量式两类。非称量式一般是通过在一定的容器中保持恒定水位的供排水量来确定的，但这种方法由于控制了恒定水位而不具备植物生长的自然状态，因而降低了观测数据的科学价值。还一些非称量的方法,如通过测定某时段植株茎秆的液流或测定蒸腾强度及植株叶面积进行推算,或通过测定土壤含水率变化进行推算,但精度一般都不高。称量式监测方法的优点是能保持植株(植被)生长的自然状态,但最大障碍是量程与精度的矛盾,即量程越大则精度越低,而一株灌木的栽培池(土壤体)少则也有数吨重,多则数十吨重。

笔者曾设计了一种称重式植物蒸腾装置(专利号:ZL201320210279.6)。其实现途径如下:

一个植物栽植桶,其中栽植有植物和装有原状土,将植物栽植桶放置在一个类似船的空容器中,然后再将类似船的空容器中连同植物栽植桶个并放置在一个盛有水的封闭水箱中(见下图)。因沙子的比重约为 2.5 左右,土壤含水率最大按沙子重量的 20% 计,为了增大栽培桶的浮力,则船式空容器的体积约为栽植桶的 3 倍多,以保证船式空容器的上沿露出水面一定高度。栽植桶的上部要露出封闭水箱上面,并用折叠式密封圈与水箱封闭。封闭水箱一侧装有一个进水管口,另一侧装有一个排水管口,通过链接的翻斗式雨量计计量供水量和排水量。

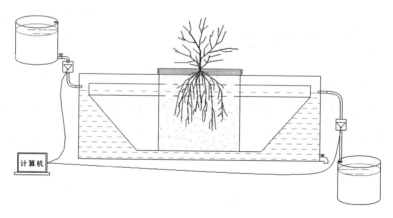

图 42　重力式植物蒸腾记录仪示意图

从进水管口注入水至如图所示的位置,即似船的空容浮在水面上并使得水箱中的水位正好到达出水管口高度。此时,启动供水装置和排水装置并自动记录数据。某一时间段内进水量与排水量之差即为该时间段植物蒸腾和桶面蒸发量。

在供水管上翻斗式雨量计前面有一个粗调阀,可粗略控制日供水量大于日蒸腾量但又不致供水过过大而无效浪费。

本发明的关键技术在于,由植物的蒸腾(或土壤的蒸发)量改变船式容器同连植物栽培桶的重量变化,由船式容器同连植物栽培桶的重量变化改变其浸入水中的深度,由其浸入水中的深度改变供水量与排水量用。

本发明具有以下优点:

1. 保持了植物生长的自然状态,即监测到的结果是植物在自然状态下的真实蒸腾耗水量。

2. 克服了以往的稳量式植物蒸腾耗水量观测方法量程大与精度低的矛盾,采用重力式排水可精确测定植物(或土壤)某一时段的蒸腾耗水量。

3. 该装置可小可大,小可以测定单株植物的蒸腾耗水量,大则栽培树面积可达数十数百平方米,可用于测定一个植物群落的蒸腾耗水量或一块农田的土壤蒸发量。

4. 自动观测记录,原理简单,操作简便。

☞ 一种可移动式积沙沙障

国内外有关沙障的材料已有许多,如黏土沙障、柴草沙障、砾石沙障、塑料网格沙障等等。以往的沙障都铺设成一定的面积,一般设置在沙丘迎风坡中下部,对固定流沙均有一定的作用。申请人等近期完成了国家"973"项目"甘肃河西绿洲边缘积沙带的形成及其生态效应"(项目编号:2011CB411912),研究结论认为,河西绿洲边缘的积沙带有利于防沙阻挡流沙进入农田,且积沙带越高大则防护功能越强。积沙带即由于数十年的防沙治沙,在绿洲边缘,尤其是上风向形成的流沙堆积带。积沙带在甘肃河西、新疆、内蒙古西部等我国西北沙区绿洲边缘普遍存在。由于以前没有关于积沙带的研究,即没有关于积沙带的生态功能结论,更没有关于如何促使积沙带快速增高增大技术措施。于是,笔者设计了一种可使得积沙带增高增大的专利(专利号:ZL201420359022.2)。

本发明的目的在于提供一种能够使得绿洲边缘的沙丘链接成积沙

带并使得积沙带增高增大的可移动式积沙沙障。将此可移动式积沙沙障设置在沙丘脊线上,或者两沙丘凹陷处,就可以阻截堆积流沙,形成沿沙障设置线(沙脊线)的堆积带,促使沙脊线继续增高沙丘增大,在两沙丘凹陷处发育积沙带,链接沙丘形成积沙带。当阻挡截留的沙堆高至积沙沙障不能有效阻截堆积流沙时;如果沙脊线发生位移时,可垂直向上拨高沙障或者拨出沙障重新设置在新的沙脊线上(下图)。

图 43　可移动式积沙沙障图

为了实现上述目的,本发明采用如下技术方案:一种可移动式积沙沙障,由积沙沙障和卡销固定片组成。用卡销固定片将若干个积沙沙障链接,沿积沙带沙脊线或沙丘链沙脊线或相邻沙丘的凹陷处纵向链接成线,当风沙流到达积沙沙障时被阻挡截留在沙障前(少量沉降在沙障后)。当阻挡截留的沙堆积增高至积沙沙障不能有效阻截堆积流沙时;如果沙脊线发生位移时,可垂直向上拨高沙障或者拨出沙障重新设置在新的沙脊线上。

本可移动式积沙沙障的卡销固定片可用铝质材料或不锈钢制成,以防止长期风吹雨淋生锈。

与以往的各种沙障相比,本发明的特点:

一是其他沙障主要用于防止沙丘风蚀,固定沙丘表面,而本发明主要用于积沙,促进积沙带或沙丘的增高增大。

二是为可移动式,即阻挡截留的沙堆积增高至积沙沙障不能有效阻截堆积流沙时;如果沙脊线发生位移时,可垂直向上拨高沙障或者拨出沙障重新设置在新的沙脊线上,以促进积沙带继续规程增高。

三是该沙障由若干块组成,便于搬运,使用时以卡销固定片一个个纵向链接,不受沙脊线长短和高低起伏限制。

四是该沙障硬质材料制成,坚固耐用,不会被大风吹蚀,可反复使用。

作为本发明的补充说明,该可移动式积沙沙障沿积沙带(沙丘链)的沙脊线设置一行。如果需要让积沙带增宽,还可在积沙带(沙丘链)迎风坡再增设一行。

☞ 荒漠生态区划

区划是一种认识和研究自然系统的分布规律、区域差异和分布特征的科学方法。所谓荒漠生态区划,运用生态区划方法,将人类探索和改造自然的行为自觉地置于自然系统分布规律之下,用区划成果指导区域生态环境保护与治理。

荒漠生态区划,上与有关的自然综合区划相衔接,下与区域规划相结合。其核心内容是生态设计,即必须区划出人为活动的区域、范围和干预的方式、强度。我国荒漠化形势严峻,荒漠化防治离不开生态区划的指导。然而,到目前为止,国内外尚没有一个荒漠生态区划,即没有人尝试过用区划指导荒漠生态环境保护和治理。

下面以民勤荒漠区为例进行讨论。

❋ 区划的原则

(1)分异和等级原则:地貌上的分异主要有沙漠、戈壁、绿洲、低山、河床、道路等。在沙漠中又包括了固定沙丘(地)、半固定沙丘(地)和流动沙丘(地);绿洲中包括农田和农田防护林。

(2)相似性和差异性原则:相似性表现为,一是当地人为活动干预明显,绿洲随河流大致呈西南—东北走向,农田外围的地貌、植被具有明显的相似性,即绿洲外围与流动沙丘地带植被盖度差异明显。二是山前地带的土壤、植被具有一定的相似性。

(3)发生一致性原则:民勤位于腾格里盆地西部边缘,除了山地以外的其他各种地貌总的形成过程是大致一致的,但各自形成的时间、具体形成原因是不相同的,不同地带、不同地貌,尤其是与绿洲距离的远

近不同,人为干预的程度也是不相同的。在划分和归类时,只能考虑近期的发生一致性,如沙丘起伏地的发生一致性,人为干预的历史和干预程度的相对一致性,等等。

(4)结构与功能依存原则:系统的结构决定着系统的功能,不同的荒漠生态系统结构具有不同的系统功能。荒漠生态系统的功能在各个结构单元间产生的复杂关系,每个结构单元皆有特殊的发生背景和存在价值。系统的结构是功能的基础,而功能则是结构的体现,结构的破坏必然会造成功能的降低甚至丧失。在分区时综合考察了系统的结构、各个功能单元、过程以及功能的相互关联。

(5)功能协调原则:各种功能单元具有类型、作用强度及空间分布上的差异,不同功能单元相互作用的影响产生复杂的空间效应。生态单元相互之间功能关系具有正、负效应,相互作用的结果在空间上表现出不同的特征。荒漠生态区划的目的之一是协调资源开发与生态环境保护之间的关系,不仅要考虑各生态要素作为人类赖以生存和发展过程中的重要作用,还必须考虑到自然资源作为重要的生态环境要素的保护,尤其是水资源。荒漠生态区划中的功能定位,必须把经济功能与生态功能有机地结合起来。

(6)兼顾利用现状原则:荒漠生态系统是一种十分脆弱的系统,一旦破坏则很难恢复。民勤绿洲已经完成了一个人工绿洲,生态系统尤为脆弱。前面已经述及,荒漠生态区划是区划与规划的结合,包括部分规划即生态设计,注重生态系统的保护和资源利用,而这个区划必须以生态系统的现状为基础,是对现状的区划和规划调整。

(7)以水分为中心原则:水资源是干旱荒漠生态环境众多因子中的主导因子,水资源的储量、分配变化决定着其他资源以及整个生态系统的变化及其方向。兼顾利用现状原则和以水分为中心原则是荒漠生态区划中特有的两条原则。

❋ 区划的指标体系

目前,我国的区划的指标,一级区的区划的指标主要是水热气候和大地构造(地势高差),二级区的划分指标温湿度和典型地带性植被,三级区划分指标地貌类型、生态系统类型和人类活动。荒漠生态区划是在

三级区内的下一级区划,即向上与中国自然资源区划的三级区相衔接。区划指标如下:

(1)地形地势:当在海拔多在 1300~1400m 之间,中低山海拔在 1500m 以上;

(2)地貌类型:为大面积荒漠平原,在荒漠平原的背景上有中低山;

(3)土地类型:主要有中低山山地,在平原上有山前冲积扇、沙漠、戈壁、林地、耕地、盐碱滩地、水域、干涸河床等 8 种类型。其中沙漠中有流动沙丘、半固定沙丘和固定沙丘 3 个亚类;林地中有天然植被和人工植被 2 种类型。

(4)人类活动:主要是在绿洲外围固定沙丘和半固定沙丘上营造稀疏的固沙灌木;林地中包括农田防护林和农田外围的人工灌木林;农业耕作、打井;水库和人工水渠等;

(5)资源利用方式:如农田、防风、固沙、封护区、放牧、水库水渠、村庄、道路等。用下图表示指标之间的层次关系(见下图)。

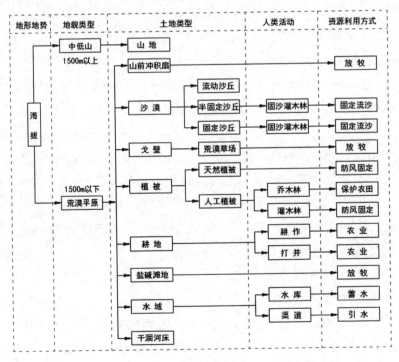

图 44　区划指标体系

第
一
部
分

认
识

✽ 管理对策

（1）以节水和保护水资源为中心。石羊河流域生态环境退化和荒漠化是伴随着水资源的退化而产生和发展的,目前境内地下水资源的重复开采量大致是地表入境水 5~6 倍,农业是当地的用口大户,节水的任务主要在农业种植业方面,需要大面积压缩耕地面积,在原有基础上逐步将耕地面积压缩至 $3~4×10^4hm^2$。为此,一方面要提高水资源利用效率和利用效益,另一方面,要严格限制开采地下水资源,对开采地下水资源在核算标准的基础上实行等级差额累进计价制度,运用价格杠杆对开采地下水资源进行限制。

（2）转变过去的以造林治沙为主,实行以封护保护为主。禁止在沙漠、戈壁和远离绿洲的公路沿线、荒滩和沙丘上盲目造林,严禁打井开采地下水造林;固沙带是绿洲农田上风向的人工防护林带,在固沙带可广泛使用各种防沙治沙和生态环境保护技术措施,对使用的技术措施要进行组装配套,以发挥其最大生态防护效益。

（3）对绿洲以外荒漠区实行统一管护,即将绿洲(包括农田外围固沙带)以外全部划归甘肃省连古城自然保护区管理,绿洲外围固沙带和绿洲内部农田林网林仍由林业部门管理。

（4）控制人口数量,同时向外地移民。各区管理意见如下(见下表)。

表 10　民勤荒漠生态区划分区管理对策

区　类	管　理　对　策
（1）沙漠(流动沙丘)	禁止放牧和造林
（2）砾质荒漠草场(戈壁)	禁止放牧和造林
（3）盐碱地	封护禁牧和造林
（4）沙质荒漠草场	可进行轻度季节性放牧,限制草场载畜量
（5）耕地	在原有基础上压缩面积至 $3~4×10^4hm^2$；农田内部及边缘设置 2~3 行乔灌木农田林网,在上风向即 NW 边缘建造 500m 宽固沙灌木林带;减少地下水开采量,提高水资源的利用率和利用效益;向外移民
（6）山地及山前冲积扇	可进行轻度季节性放牧,限制草场载畜量
（7）灌木林地	禁止放牧、樵采,实行封护
（8）乔木林地	禁止放牧、樵采,实行封护

认识沙漠化

续表

区　类	管理对策
(9)水域	减少自由水面面积,以尽可能减少自由水面蒸发损耗
(10)外围固沙带	固沙带宽度 2~3km,其中,靠近农田 500m 宽度为灌木固沙带,外围为 1.5~2.5 封育带,严禁放牧、樵采、挖沙取土等。在固沙灌木带内组装各种治沙技术措施,在封育带内组装各种封沙育草措施,

☞ 积沙带的生态功能

　　在我国西北沙区,几乎所有的防沙治沙措施都实施在绿洲边缘,尤其是绿洲边缘上风向。经过几十年的防沙治沙,在沙区绿洲边缘尤其上风向形成了一条流沙堆积带—积沙带。

图 45　民勤绿洲边缘的积沙带

　　2011~2013 年,我所承担国家 973 课题"甘肃河西沙区绿洲边缘积沙带的形成及其生态效应"(课题编号:2011CB411912),对河西绿洲边缘的积沙带进行了调查研究。

　　甘肃河西地区绿洲呈斑块状、带状分布,绿洲边缘积沙带为断续状分布,蜿蜒长约 1060 km,东段古浪—武威—民勤—金昌绿洲边缘较完整,西段金塔—玉门—瓜州—敦煌断缺较多。积沙带的高度也是东高西低,即东段古浪—武威—民勤—金昌绿洲边缘平均高 13.7m,中段张掖—临泽—高台绿洲边缘平均高 8.3m,西段金塔—玉门—瓜州—敦煌边缘平均高 6.6m。积沙带的宽度是,东段古浪—武威—民勤—金昌绿洲边缘平均宽 333.5m,中段张掖—临泽—高台绿洲边缘平均宽 151.7m,西段金塔—玉门—瓜州—敦煌边缘平均宽 108.9 m,积沙带的高度与宽度为极显著正相关。积沙带的最大高度可达 37.9m。

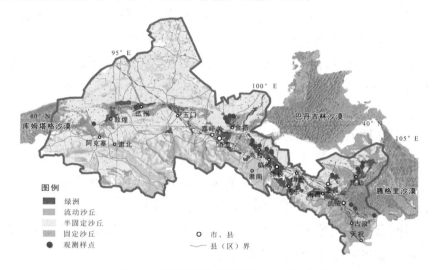

图 46　河西绿洲边缘积沙带调查样点图

1)积沙带的形成与气候环境因子的关系

积沙带的宽度与高度为显著正相关;积沙带的高度与当地的年降水量和年平均风速为正相关关系。降水量是决定植被盖度的关键因子,降水对天然植被盖度的影响大于对包括人工植被在内的植被总盖度的影响。

当地下水位较深,植物无法利用时,年降水量通过改变土壤水分影响积沙带上的天然植被,进而影响积沙带的发育。积沙带的高度与其上风向的植被状况和积沙带上的人工植被盖度不相关。积沙带高度还与 30~50cm 土壤含水率以及空气湿度、背风坡植被盖度存在一定的负相关关系,积沙带的宽度与沙源的距离亦存在一定的负相关关系。

积沙带高度的气候环境因子影响次序是:年降水量>年平均风速>上风向沙源的距离>天然植被盖度>土壤含水率。

高大沙丘顶部一般没有天然植被,属于流动沙面,在其上设置柴草沙障,能够显著提高积沙带(沙丘)的高度。

河西绿洲边缘积沙带的优势种植物以柽柳最多。不同优势种植物

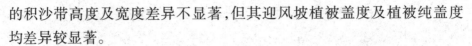
的积沙带高度及宽度差异不显著,但其迎风坡植被盖度及植被纯盖度均差异较显著。

2)稳定性特征

河西绿洲边缘积沙带的分布趋势大致为东高西低、东宽西窄,积沙带随绿洲断续分布,大部分地段目前处于稳定阶段,只要不加破坏,积沙带经历70~80年尚不至于活化造成危害。

当风流到达积沙带迎风坡时,遇到障碍大量释放沙粒,然后再改变方面沿坡面上升前进并携带坡面沙粒沿坡面上升,前后气流逐级带动,迎风坡面沙粒向积沙带顶部运移,这就是积沙带增高的机理。

3)积沙带的生态功能

积沙带具有显著的防风作用,且防御风的作用随风速的增大而增强,当风速 ≥ 2 m·s⁻¹ 时,积沙带下风向防御风范围大于积沙带高度的20倍。风速越大,则沙丘下风向降低风速越明显。

高度是表征积沙带防风功能的一个重要指标。当风速 ≥ 8 m·s⁻¹ 时,积沙带顶部风速小于上风向空旷处的风速。

当气流到达积沙带迎风坡时,是通过沿坡面抬升和向两翼分流两种方式释放能量并降低流速的。当迎风坡的坡向与主风向有一定夹角时,风向会沿迎风坡向发生偏转,且坡向与主风向的夹角越大则偏转越大。风向偏转会降低迎风坡主风方向的风速。

河西绿洲边缘积沙带的正向生态效应主要体现为自身的防护作用和阻截、减少流沙进入农田的作用,积沙带越是高大,其正向的生态效应越大。

☞ 在民勤绿洲上风向边缘建一条人工积沙带如何?

前述"积沙带的生态功能"对国家973课题"甘肃河西沙区绿洲边缘积沙带的形成及其生态效应"的成果作了简介,该成果的中心结论是积沙带越高大越稳定,其防护作用越强。

甘肃河西绿洲边缘的积沙带随绿洲为断续状分布,东高西低,西段断带缺口较大。虽然民勤绿洲边缘的积沙带较为高大,断带缺口相对较小,但仍为断续状分布。既然"积沙带越高大越稳定,其防护作用越强"。那么,我们能否通过人工措施,使之链接完整,并让其继续增高增大呢?

民勤县绿洲边缘上风向一侧长约 200km,红崖山水库以南风沙危害较轻一段,红崖山水库算起到北部绿洲边缘线长 150km 左右(下图)。如果沿这一线在原有的断续状分布的积沙带的基础上,采用人工措施,使之链接完整,其效果会怎么样呢?

图 47　民勤绿洲及其主风向

用竹胶板在沙脊线上设置可移动式沙障的成本是 25 元·m⁻¹,150km 长的沙脊线需要投资 3750 万元。沙障设置后当积沙高度至沙障高度时,需要人工调整沙障高度,即人工向上拔高沙障,设置沙障和每年调整沙障高度的人工费由所属的村社的受益农户出人工。经过若干年后,就会在绿洲边缘上风向形成一条高大的积沙带(下图)。

2011~2013 年,我所完成了以 2014 年验收的国家 973 课题"甘肃河西绿洲边缘积沙带的形成及其生态效应"为成果转化对象,在民勤西沙窝经济农田边缘现有的断续状积沙带(沙丘)的基础上,采用人工链接、增高措施,建造 1~2km 长 10m 高的高大积沙带,作为成果转化示范点,在民勤沙区以及河西走廊绿洲边缘辐射推广,同时观测其防护效益和人工促进快速形成高大积沙带的有效途径。

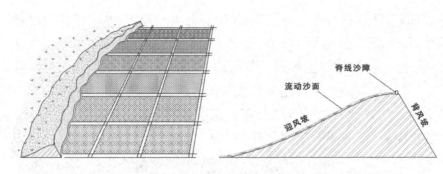

图 48　人工积沙带示意图

☞ 沙漠地区水资源及其节水

　　沙漠地区一般水资源都十分缺乏,或者换句话说,正因为缺水才导致沙漠和沙漠化。水是干旱沙漠生态环境众多因子中的主导因子,水资源的储量、分布和变化,决定着沙漠生态环境的变化。沙区的生态退化,从本质上讲,是水资源的退化。

❋ 沙漠的形成是水资源退化的结果

　　沙漠一般形成于内陆河流域下游。以民勤为例,在汉代以前石羊河下游民勤境内为大面积湖泊,河流将大量泥沙从四周的祁连山、雅布赖山、成首山、贺兰山带到并沉积在下游湖泊。自汉代以来,西北地区干旱过程加强,湖泊面积减少,泥沙出露。到汉代末期民勤已出现了斑块状沙漠化。汉、唐和明清时期,石羊河流域出现了 3 次较大规模的农业开发,引起了汉末、盛唐中后期和明清中后期 3 次较强的沙漠化过程。到民国年间,石羊河下游的大西河、小西河虽仍存在干涸河道,但其早已变成了历史名词, 汉代的三角城遗址和唐代的连城遗址已居沙漠深处 6km。清朝乾隆年间(1749)记载的腾格里沙漠没有越过洪水河的记录已经成为历史,洪水河西岸 $2 \times 10^4 km^2$ 耕地已被沙漠占据。沙漠、戈壁占居了民勤县总土地面积的 90% 以上。明末还是碧波荡漾、水草丛生的青土湖、白亭海早已不见了踪影,历史悠久的“沙井子”、明长城、烽火台、南乐堡、沙山堡、连城、古城、三角城等遗址均被淹没于沙海之中。

第一部分　认识

❋ **水是植被存在的必要条件**

以水分为基础可以将植物划分为水生植物、湿生植物、中生植物和旱生植物 3 种生态类型。旱生植物可以在干旱地区保持体内水分以维持生存的植物。广义的旱生植物也包括耐旱型植物。其中,小叶型及无叶型旱生植物又称"超旱生植物",抗旱能力最强,荒漠地区分布较普遍。然而,不管多么耐的植物,其生长都是离不开水的。

沙漠中植物的多寡是由水分条件限制而分布的。当水分条件较好,植物的种类就较多,密度则较大。反之,如果水分条件变差,植物的种类和数量就会变少。仍以民勤沙区为例,研究结果认为,民勤自西汉以来生态环境逐渐退化。植被退化经历了 3 个阶段,亦即在大面积湖泊、河流背景上分布的是沼泽植被,在干涸湖泊、河床背景上分布的是盐生草句植被,在沙质荒漠背景上分布的是荒漠植被。现阶段存在着荒漠植被退化演替和盐生草句植被向荒漠植被演替两种退化过程。目前的植被正处在进一步退化过程中,植物种类和面积减少,大面积枯梢、死亡,优势种的优势度增大。现阶段决定荒漠植被生长状况的主要是大气降水,植被盖度和密度随年际降水量变化较大,尤其是一年生草本植物。

❋ **水是干旱沙漠生态环境中主导因子**

水是干旱沙漠生态环境众多因子中的主导因子,水资源的储量、分布和变化,决定着沙漠生态环境的变化。这是因为,沙漠地区干旱缺水,水分限制了植物/植被分布和生长;由于沙粒的比热小,干燥裸露的沙面遇到太阳照射会迅速增温,即会形成以沙漠为中心的高温低压区,与周围低温高压气温形成明显的气压梯度,因而会出现大风沙尘暴或风沙流。由此可见,沙漠地区的水分不仅限制了植物的生长,而且影响到热量分配、气压和风速等。相反,如果沙漠地区水分充足,植物的种类和数量就会明显增多,植被盖度增大,形成林分或植物群落小气候,调节气温,保护沙面。

这里我们有必要再了解一下最小限制因子人概念:生物生存于特定生境中,受多种因子的综合影响,但往往只有一两种因子起主导作用,称限制因子或主导因子。1840 年德国农学家 J.von 李比希注意到,田间作物收获量的多少常决定于某种最低量的基本养分,这一原理被称为最低量律。后来最低量律被扩大到包括植物和动物的各种环境要求,通常被称为最小限制因子。水就是沙漠生态环境中的最小限制因子。

❁ **水是造林治沙的关键限制因子**

造林治沙是一种很常规的治沙措施。从 20 世纪 50 年代以来,我们每年在绿洲边缘造林治沙,60 多年的累计造林面积不要说覆盖整个沙漠,但覆盖 1/3 的沙漠或者至少在绿洲边缘覆盖数百公里宽肯定是足够的,那么为什么除了一些原存的柴湾外,绿洲边缘的人工林还是和多年的累计造林面积想差甚远呢?这是因为水分条件限制了干旱沙漠地区造林的成活率和林草植被的生长。

们常说的水资源,包括地表水、地下水和降水三部分。甘肃河西走廊东端古浪县城附近多年平均降水量 360mm,而北部沙漠地区只有 130~160mm;民勤沙区 116mm,走廊西端的敦煌多年平均降水量只有 42mm(下表),有的年份滴雨不见。如此少的降水只能维持很稀疏的植物生长。甘肃河西地区分属于石羊河、黑河及疏勒河三大内陆河流域,20 世纪以来,由于气候变暖、雪线上升、冰川面积减小等原因,上游出山口径流量普遍减少,部分河流断流或干涸,更无地表水灌溉沙漠。降水是杯水车薪,地表水不够用,于是就开采地下水。民勤绿洲内部 26 眼机井的观测数据表明,绿洲内部地下水位从 1985 年的 6.4m 已下降至 2003 年的 14.9m(下图)。2003 年平均下降 0.7 m,其中的 5 眼井已下降至 20m,最深的达 25.4m。据中科院黄子琛研究员地民勤沙区调查研究,梭梭能利用地下水的最大深度为 6~7m,而民勤绿洲及其外围的地下水位一般都在 20m 左右,植物早已无法利用。在民勤沙区,梭梭造林初植密度为 1650 株/hm2,后头 2~5 年生长良好,7~8 年后枯梢、死亡,15 年后自然稀疏为 600 株/hm²,即投影盖度一般只有 4%~7%,而这样的密度的防护作用已是微乎其微,亦即沙面完全是流动的。

表 11　甘肃河西地区各气象站多年平均降水量

站号	古浪	武威	民勤	金昌	永昌	张掖	临泽	高台	酒泉	金塔	玉门镇	瓜州	敦煌
降水量(mm)	360.8	165.8	116.2	119.5	201.6	130.5	118.1	110.3	87.8	65.4	66.8	53.6	42.4
蒸发量(mm)	1769.9	1890	2623.1	2400	1990.2	2002.4	2341.6	1765.3	2004.9	2560.9	2653.3	2577.4	2505.1
相对湿度(%)	66	52.9	44.5	39	51.4	52	51.5	54.2	47.1	44.9	42.1	40.4	43.3

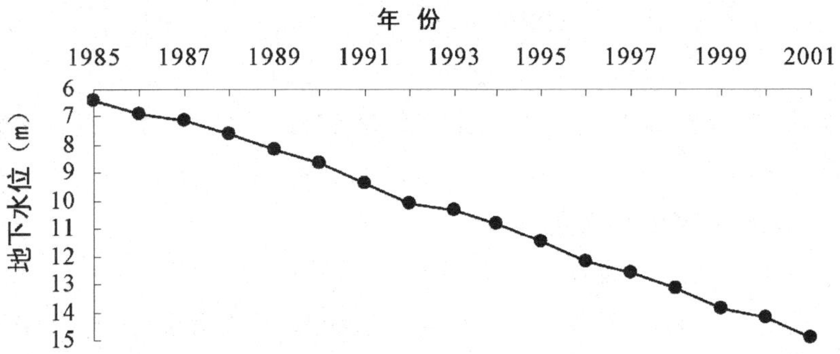

图 49 1985~2001 年民勤绿洲 内 26 眼地下水位变化

☞ 沙区城镇化移民

沙区的移民基本上均属于生态移民，或称环境移民，即从沙漠化威胁严重的沙区向其他生态区域移民。以往我们国家的沙区移民，基本上都属于这样的移民。

由于管理和其他方面的原因，我们国家过去的许多移民，往往是和区域开发联系在一起的，有不少的移民实践，其结果是移民一次，引发一次新的破坏。

✻ 沙区城镇化移民的基本思路

水是干旱沙区生态环境众多因子中的主导因子。防沙治沙和改善沙区生态环境的根本出路是节水和保护水资源。虽然防沙治沙措施在一定程度上能局部改善生态环境，但不能从根本上改善干旱沙区的水资源状况。农业种植业是沙区的用水大户，因而节水必须抓住农业种植大户。

沙区城镇化移民则是解决保护沙区水资源和沙区群众脱贫这一突出矛盾的根本出路。其基本思路是：每个城市都有大量外来打工人员，将这些打工就业的机会更多地让给沙区移民。改变由政府投资治理沙区生态环境为投资沙区农业人口城镇化移民，大面积压缩沙区耕地面积，减少沙区水资源的开采量。这样，一方面可有效改善和保护沙区生态环境，另一方面将剩余人口集中到生态环境相对较好且土地生产力相对较高的区域,即可有效提高沙区农户经济收入。先在小范围试点,进而逐步扩大。只有这样,才能显著改变沙区农户收入低、生态环境恶化的现状,才能实现党的十八大报告确定的到 2020 年全面进入小康社会的目标。

❋ 沙区城镇化移民的意义

党的十八大报告提出,要"确保到二〇二〇年实现全面建成小康社会宏伟目标",其中的目标之一是"生态系统稳定性增强,人居环境明显改善"。因此,十八大报告强调,要"把生态文明建设放在突出地位,融入经济建设、政治建设、文化建设、社会建设各方面和全过程,努力建设美丽中国,实现中华民族永续发展。"并明确提出要"推进荒漠化、石漠化、水土流失综合治理"。

我省河西地区经过 60 多年的防沙治沙和沙区生态建设,基本上控制了流沙的蔓延危害。然而,河西地区局部在方如民勤等地的荒漠化趋势还十分严重。我省东部、南部的荒漠化也有所抬头趋势,荒漠生态环境建设的任务还相当艰巨。一方面,荒漠区"生态环境明显改善"是党的十八大报告中关于到 2020 年进入小康社会的重要目标之一。另一方面,我省河西地区土地地面积占全省的 60%以上,生产商品量占全省 70%以上。荒漠化不仅制约着随着沙区的经济发展,而且严重影响当地和周边地区生态环境和居民的生活质量。沙尘暴不仅会毁坏农牧业生产设施,而且还危及人畜生命安全。

显然,要实现到 2020 年全省同步进入小康社会,就必须有效防沙治沙,改善沙区生态环境,亦即防沙治沙是 2020 年我省与全国同步进入小康的必由之路。

水是干旱荒漠生态环境众多因子中的主导因子,水资源的储量及其变化决定着荒漠生态环境的变化。防沙治沙和沙区生态环境建设的根本出路是以节水为中心,保护沙区水资源。农业种植业是河西地区的用水大户。而要有效保护沙区水资源,就必须减少沙区耕地面积和调整产业结构,尤其是种植业结构。沙区城镇化移民既符合党的十八大报告提出的"确保到二〇二〇年实现全面建成小康社会宏伟目标"的经济持续健康发展和城镇化建设的战略决策,也符合省委省府确定的"以国家生态屏障建设保护与补偿试验区为重点的生态战略平台"建设的奋斗目标,是减轻干旱荒漠区水资源压力、改善沙区生态环境和沙区群众脱贫致富的一条最有效途径。

✿ 可行性分析

每个城市都有大量外来打工人员,这就是说每个城市都存在着一定量的就业的机会。沙区城镇化移民就是将这些机会更多地让给沙区移民,除了由政府提供住房外,并在子女上学、医疗、养老等方面给予一些优惠政策,使沙区城镇化移民人员较其他地区外来打工人员在城镇享有更低的居住、就业成本,就能解除移民群众的思想顾虑,有效促进沙区城镇化移民的健康发展。

河西沙区要在 2020 年与全省全国同步进入小康社会,必须有效的治理沙漠化;在短时间之内要有效治理干旱沙漠化地区沙漠化和生态退化,就必须进行沙化城镇化移民。沙化城镇化移民对于改善沙区生态环境、脱贫致富要比已有的其他任何防治措施更直接、更有效。

马克思主义认为人类改造自然是能力是无限的,但在任何具体时期人类改造自然的能力又总是很有限的。缺乏水资源是一个全球性问题,外流域调水也是很有限的,要在短期内彻底改善干旱沙区自然条件是不可能的。区域之间的自然差异是客观存在的,通过政策调节,平衡区域之间由于自然条件差异而导致的经济收入差异,是解决区域经济差异的有效手段之一,也是实现沙区于 2020 年进入小康社会的必由之路。

✿ 一个实例分析—以民勤沙区为例

民勤县是我国沙漠化严重地区和沙尘暴多发区,民勤的生态退化问题早已引起了党中央和国务院的高度重视,国务院原总理温家宝曾多次指示:"决不能让民勤变成第二个罗布泊!"2007 年中央下拨 47 亿元人民币解决石河流域包括下游民勤县的生态退化问题。

(1)现状数据

人口:据民勤政府网,至 2010 年末,民勤县总人口 27.43×10^4 人,常住人口 24.13×10^4 人。乡镇总户数 5.87×10^4 户,乡镇总人口 24.70×10^4 人,乡镇从业人员 11.43×10^4 人。

耕地面积:2004 年民勤农作物总播种面积 $6.235 \times 10^4 hm^2$。2006 年民勤县耕地面积 $6.813 \times 10^4 hm^2$。2008 年新华网甘肃频道,民勤县耕地面积 $10.667 \times 10^4 \sim 12.00 \times 10^4 hm^2$。以上几个数据不一致,以下平均按 $6.667 \times 10^4 hm^2$(100 万亩)计算。

地表入境水:20 世纪 50 年代石羊河每年进入民勤的水量为 $5.42 \times 10^8 m^3$,90 年代平均每个 $1.52 \times 10^8 m^3$,平均每年减少 $0.1 \times 10^8 m^3$,2004 年为 $0.65 \times 10^8 m^3$。

开采地下水:年总开采量已 $6.208 \times 10^8 m^3$,年超采量 $3.908 \times 10^8 m^3$。2000 年用水总量 $7.72 \times 10^8 m^3$,其中农业灌溉用水 $6.72 \times 10^8 m^3$,林业灌溉用水 $0.83 \times 10^8 m^3$,工业用生活用水 $0.12 \times 10^8 m^3$。

境外调水:在 2007 年中央投资以前的 2001~2004 年,景电工程平均每年向民勤调水 $0.415 \times 10^8 m^3$,景电工程 2011~2012 年景电工程平均每年向民勤调水 $0.8318 \times 10^8 m^3$。

(2)基本方案

1)民勤移民 12.35×10^4 人(乡镇人口的 50%);

2)政府投资购房补助每人 7.0×10^4 元,即户均购房补助 29.47×10^4 元(乡镇户均 4.21 人);

3)在武威市和金昌市建设住房 2.935×10^4 套;

4)户均 4.21 人购房补助 29.47×10^4 元,按武威市市价每平米 3500 元计算,可购住房 $84.2 m^2$;

5)从民勤移出 50%乡镇人口即可压缩耕地面积 50%,即压缩耕地 $3.333 \times 10^4 hm^2$;

6)重点移民区:石羊河下游民勤绿洲沙漠化危害最严重的绿洲边缘。

(3)经济分析

投资计划:中央财政一次性拨款 86.45 亿元(7.0×10^4 元 $\times 12.35 \times 10^4$ 人)。

效果费用比:2007 年中央投资 47×10^8 元(其中给民勤 12×10^8 元),调水增量 $0.4186 \times 10^8 m^3$(0.8318-0.415),节水的效益费用比为 $0.4186 \times 10^8 m^3 \div 47 \times 108$ 元 $=0.00887(m^3 \cdot 元^{-1})$;城镇化移民后耕地压缩 50%开采水资源减少 50%,用水量减少(6.72×50%)$3.86 \times 10^8 m^3$,节水的效益费用比为

第
一
部
分

认
识

$3.86×10^8m^3÷86.45×10^8$ 元$=0.04465(m^3·元^{-1})$；移民节水的效益费用比是投资引水的效益费用比的 5.035 倍。

（4）效益分析

在城镇化移民之后，一方面由于剩余的 $12.35×10^4$ 农户都集中在环境条件相对较好的绿洲中上游区域。另一方面，由于生态环境的改善，加之农业生产技术的提高，未移民的农户的经济会在现在水平上提高一大步，确保到 2020 年我省沙区与全省、全国同步进入小康社会。

民勤人口（包括城镇人口）可下降到建国前的水平（1950 年全县人口达 20.79 万人），耕地面积压缩至 $50×10^4$ 亩，即为 1950 年的 52.73%（1950 年全县耕地面积 94.83 万亩），农业灌溉用水减少 50%，其对民勤绿洲的生态意义是不言而喻的。由于生态环境的改善，可保证民勤绿洲持续、稳定发展。

以上计算得民勤沙区城镇化移民人口 $12.35×10^4$ 人，通过移民可减少耕地面积约 $3.333×10^4hm^2$，平均每人约 $0.267\ hm^2$（4 亩），一种方案是按上述人均提供 $7.0×10^4$ 元住房补助款，另一种方案是以国家回收严重退化耕地计算，即每公顷耕地 $26.217×10^4$ 元。两种方式的政府提供的移民费用和目的都是相同的，区别只是前者是资助，后者为回收成本。

在沙区城镇化移民过程中，不宜再增加沙区城镇人口，而应当将沙区农业人口移入自然条件相对较好的、工业化和商业、服务业就业潜力较大的县城或乡镇。

☞ 治沙宜治本——专家谈治沙

（一）

2001 年 3 月 7 日，在人大政协九届四次会议上，中国工程院院士山仑、全国人大教科文卫委员会委员陈寿朋等代表认为，防沙治沙要从源头抓起。"防沙治沙要追根溯源，搞好源头的生态环境建设，才能从根本上遏制风沙的侵袭。"

山仑代表是中科院、水利部水土保持研究所学术委员会主任，长期从事黄土高原水土保持的科研工作。他曾多次深入到陕西、甘肃、宁夏、山西等省区的水土流失严重区域进行考察研究。山仑说,防沙治沙关键要保护好风沙源地区的天然植被。在开展退耕还林、还草,植树种草的同时,还应重视天然林和天然草场的恢复与治理。

山仑代表说:"我国北方地区近日出现了扬沙天气,源头主要在我国西北部的土地沙化地带。这一带天然林已不多,而相当一部分是天然草场。天然草场的面积大约占黄土高原水土流失严重地区的1/4。目前,这些天然草场破坏严重,大部分已经退化成了'牧荒坡'。如果不采取保护措施,土地沙化还会加剧,沙尘暴也会愈演愈烈。所以应该对这些'牧荒坡'实行严格的封地育草或轮封轮牧,促使生态环境自身恢复。此外,在防沙治沙过程中,强调生物措施、工程措施的同时,还应该注重对耕地实行保护性耕作,这样才能改善风沙源和水土流失严重地区的生态状况,实现从源头上防沙治沙。"

对生态环境保护一直非常关注的陈寿朋代表说,沙尘暴的根源是土地沙化,其来源之一是原生性沙漠,我国新疆的塔克拉玛干大沙漠就属于这样的沙漠;另一个来源是在原本不是沙漠的地区,由于人类活动的诱发,在风力和干旱的作用下,出现了以风沙活动为标志的类似沙漠景观的退化土地,就是我们所说的土地沙化。

陈寿朋认为,实行退耕还林、还草,对于加快沙漠化防治,降低沙尘暴的发生频率,减轻由此造成的危害有着积极的作用。但是,防沙治沙关键还要采取多种预防治理措施,建立严格规范的管理制度,制止人为破坏,保护和恢复林草植被,调整土地利用结构,使退化的土地逐步恢复。

(二)

2006年6月15日,在第12个"世界防治荒漠化和干旱日"即将到来之际,在人民大会堂举行的"石羊河·民勤荒漠化防治研讨会"上,中华环保基金会会长曲格平说,要想解决荒漠化,只有改变思路,依靠政策和科技。

曲格平说,"片面追求GDP加速荒漠化,并造成了非常严重的后果。"据了解,甘肃民勤县是腾格里沙漠和巴丹吉林沙漠间的一块绿洲,是兰州和中原的天然生态屏障。现成为全国最干旱、荒漠化最严重的地区之一,也是我国北方地区沙尘暴四大发源地之一。曲格平问道,在荒漠化面积已占全县面积的 94% 的民勤,怎么能够追求成为"中国西部百强县市",把 GDP 增长当作唯一的标准?因此,必须改变我国政绩观和考核指标体系,要既重视经济规律,又重视生态规律。

曲格平说,"水是生命线,没有水,什么都无从谈起,荒漠化地区的最大问题是水开发、利用的不合理。"据甘肃省科协第一副主席魏万进介绍,民勤一年要出售商品粮 7.3 万吨,耗水 102 亿立方米,相当于每年从极度缺水的民勤调出 102 亿立方米水。此外,每年从黄河向民勤调入 6 亿立方米水,国家补贴 7200 万元。而用这笔钱,几乎可以把 7.3 万吨粮食从河南市场上买来并运回甘肃了。曲格平说,如果不改变荒漠化地区目前的发展模式、对水的态度,成为"第二个罗布泊"的前景仍然存在。

"荒漠化地区是水、热等要素不匹配地区,自然生产力比大部分土地要低。但如果克服了生产系统中水这个弱的因素,充分开发太阳能,完全可以创造出地球上最高的生产力。"原中国科协副主席,荒漠化治理研究专家刘恕说。

刘恕说,通过"出卖阳光",以色列创造性地把"不毛之地"变成了"欧洲的冬季厨房",实现农业人均每月收入 1250 多美元。而早在 1984 年,钱学森就提出了沙产业革命,那是一种借助高新技术及设备而创建的知识密集型农业生产体系。现在,民勤等荒漠化地区已开始设立阳光大棚、推行滴灌等节水技术,今后还要继续引进、推广如无土培育技术等先进技术,按照"禁开荒、慎用地、多采光、少用水"的原则,发展知识密集型的沙产业。

"在荒漠化地区,种草比种小麦节水 17%%—20%,比较而言,草比其他植物在荒漠化治理方面更有成效,草农业是很好的出路。"中国工程院院士任继周说,在种草同时,还可以种果树和棉花,草与粮食套种或轮种;发展苜蓿产业,由于苜蓿含有很高的蛋白质和植物激素等,通过深加工,发展高科技的生物产业。他呼吁,更多的科学家应走出实验室,加入到荒漠化治理的队伍中来,加快相关科研新成果转化成治理"武器"的速度。

刘恕说,干旱只是荒漠化的部分原因,根本原因是人口增加,过度开垦、放牧、开采破坏植被等人为因素。看见沙丘移动就去种树固定沙丘,缺水就去外地调水,只指针对后果,不针对原因,这样的任何措施都是治标不治本。因此,要把防治荒漠化纳入新农村建设、县市发展规划中,进行统筹规划。

国家林业局治沙办公室主任刘拓说,防治荒漠化,要综合考虑社会、经济、人口和生态等问题,采取相应的综合措施。实施计划生育和移民措施,按照国际指标,在荒漠化地区,每平方千米土地上应生活 7~30 人,在我国,每平方千米土地上却生活着 400 人;大力发展乔灌草结合的植被,减少沙化,适宜地区采用封禁法,据实践,每亩地按网格结构种 38 棵梭梭,不但能使沙丘固定,而且使降水不被蒸发等。

(三)

2007 年 6 月 17 日,第 13 个世界防治荒漠化和干旱日,由中国治理荒漠化基金会与联合国开发计划署(UNDP)联合在上海举办了"伸出你的手,荒漠变绿洲"——2007 中国治理荒漠化高峰论坛。

专家指出,近些年来荒漠化加剧的直接原因就是人类的不当经济活动,要从根本上遏制荒漠化趋势,需全社会树立生态效益观念,彻底转变经济增长方式。与会专家一致表示,荒漠化的主要原因是人类过度放牧、乱砍滥伐、过度樵采、过度用水等行为,而由此造成的植被破坏、农业减产、大气污染、表土流失等问题反过来对人类影响巨大,如果以牺牲生态环境为大家的粗放型经济增长方式不改变,荒漠化趋势很难得到遏制。

荒漠化指由气候和人类活动等因素造成的干旱、半干旱和亚湿润地区的土地退化,是全球性重大环境问题之一。根据联合国的统计资料,全世界 2/3 的国家和地区,1/5 的人口,1/3 的陆地面积受到不同程度的荒漠化危害,而且,荒漠化正以每年 $(5\sim7)\times10^4 km^2$ 的速度扩大,过去 25 年间,全世界 70% 的农用旱地有不同程度的退化,总面积达 36 亿公顷。我国是现存荒漠化面积最大、受危害人口最多、危害程度最严重的国家之一。目前,我国荒漠化面积为 $263.62\times10^4 km^2$,占全国陆地面积的 27.46%,包括 31 个少数民族在内的近 4×10^8 人口受到荒漠化危害,每年造成的直接经济损失达 540×10^8 元。为遏制荒漠化的发展速度,我国实施了"三北"防护林等重大工程,西北、华北、东北等地的风沙危害和水土流失得以减缓。

中国科学院院士刘昌明在论坛上表示,荒漠化治理是一项综合工程,各地需因地制宜采取科学方式,宜林则林、宜草则草、宜荒则荒,在改善生态环境的同时加快农民脱贫致富。中国治理荒漠化基金会副秘书长熊定国介绍,我国荒漠化地区往往是生产绿色食品、发展有机农业的佳地,农业产业化是治理荒漠化的出路之一,目前一些地区发展的耐盐抗旱玫瑰、粮饲兼用燕麦、肉苁蓉、菊芋等产业,既有效控制了荒漠化趋势,又富裕了一方百姓。专家们还在论坛上呼请政府部门加强协调力度,集中使用荒漠化防治资源,提高治理效率,在政策上鼓励企业和个人参与治理荒漠化项目,并考虑建立国家级防治荒漠化工程试验示范区。

(四)

2014 年 6 月 17~18 日,在北京召开了"第三届国际防治荒漠化科学技术大会",来自国内外的荒漠化防治专家、学者共同交流荒漠化防治最新科研进展和实践经验。

对荒漠而言,有天然的也有人为的。最新研究表明,自然因素是基础,而人为因素是导致荒漠化的决定因素。草原生态学家刘书润说,必须把人为的荒漠化与天然的荒漠、沙漠严格区分开! 沙漠虽然降水少,风沙危害,但沙漠不是沙尘源,而是生态屏障。

中国防治荒漠化工程研究中心主任、中国农业大学教授胡跃高告诉科技日报记者,人类从 2.7 万年前开始制作陶器起,便出现了人类行为所导致的系列性荒漠化;当 1 万年前世界农业起源后,荒漠化与农业相伴而生;工业革命开始后,荒漠化随之蔓延到世界 140 个国家与地区。从这一历程看,人类与荒漠化早已是一对"老朋友"。可多年来,从防治角度说,我们仍没有认清这位"老朋友"的本来面目!

✳ 人为因素是导致荒漠化的决定因素

荒漠化是世界性的,科学界公认主要是人为因素引起。专家考证,沙漠形成的两个主要原因,一是干旱狂风。二是人为滥伐森林树木,破坏草原,土地失去植被,致使沙漠形成。俄罗斯科学院西伯利亚分院贝加尔湖资源管理研究所 Bair Tsydybov 博士指出,目前分属不同气候区域的中亚和外贝加尔有不同程度的荒漠化过程与气候波动(主要是自然和人为影响），植被退化的形势正在恶化。

蒙古地理所恩赫.阿姆加蓝 Enkh Amgalan 所长认为，蒙古国生态系统不稳定性增强，气候异常，暴风雨和干旱成灾，对矿业、农牧业造成不利影响，加剧了荒漠化和草场退化。带来一系列问题。

俄罗斯科学院西伯利亚分院贝加尔湖资源管理研究所 Endon Garmaev 所长强调，过度放牧是导致植被退化的原因之一。而游牧对于调节放牧压力、合理利用草场有显著效果，可扭转区域沙漠化趋势。

❋ 不能忽视现代文明造成的"新的荒漠化"

据日本岛根大学名誉教授保母武彦在一份研究报告中称，2011 年发生在日本福岛核泄漏事件所造成的荒漠化影响到海洋，应称之为"海洋的荒漠化"，其中一个原因就是人们轻视应与自然生态系统同存的所谓现代文明造成的"新的荒漠化"。

这种"新的荒漠化"，在我国也比较突出。胡跃高介绍，西部地区年降水量低，因人口众多、人均资源少，耕地垦殖指数高，草地资源、林地资源稀缺，荒漠化最为严重。其中，偏北部地区风蚀沙化，西南部地区降水量高，海拔落差大，丘陵众多，多发生水蚀石漠化。中部地区受粮食安全压力作用，长期以来，无地不耕，加之近 40 年来大量开采地下水灌溉作物，人为荒漠化问题突出。东部及东南部分，因城市化发展不均衡等原因，或大量非农占用土地，或掠夺式利用土地，或农民进城弃耕土地，造成土地总量减少、质量下降，存在荒漠化隐患。随着我国人口持续增长，荒漠化形势趋于严重化。

中国农业大学农学与生物技术学院副院长李志红说，一方面，人类通过不当的农业行为导致了荒漠化，另一方面，人类社会将来还必须依靠农业生存下去，这就要求我们在农业新的发展过程中剔除导致荒漠化的行为。

❋ 天然荒漠急需保护利用而不是治理

蒙古人把最尊贵的称呼给了沙漠。腾格里沙漠在蒙语是天的意思。科学研究证实，沙漠物质，来源于古代或现代的各种沉入积物中的细粒物质。天然荒漠是地球最重要的生态系统，是岩石粉碎，风蚀、水蚀形成的土壤过程的最佳场所，是最大的物质源。干旱的荒漠与海洋巨大的气压差形成的季风,把水分由海洋运送到大陆,它成全了我国中东部的湿润气候。

草原生态学家刘书润说,内蒙古自治区的荒漠,看起来萧索凄凉。然而,它却是最耐恶劣环境、最耐干旱、最富营养的古老而又特有的珍稀物种的基因库,是捍卫脆弱环境的最后一道行生态屏障。而鄂尔多斯、东阿拉善荒漠,是第三纪古老植物的避难所、地球最北部的生物多样性中心。以前,那种"人进沙退"的蛮干,是不讲科学的行为。专家认为,天然荒漠,有许多益处,不仅不需要治理,而且还要保护和利用!

❋ 享受大自然的天然乐趣

沙漠是干旱区生物多样性表现最充分的地方,也是人类农耕游牧文化,天主教、伊斯兰教等宗教的发源地,具有很好的文化色彩的景观系统,蒙古人称沙漠为"金色的摇篮"。当人们看到沙漠有那么多的可取之处,便称它为:干渴中的清泉、干旱区的地下水库、最理想的冬营地、古丝绸之路的最佳路线。

中国防治荒漠化基金会理事长张剑鸿介绍说,2006年,我国政府为动员更多民间力量参与防治荒漠化事业,批准成立了中国治理荒漠化基金会。团结国内外建设力量,致力于发展沙漠产业化。防治荒漠化的工程建设,取得了一系列重要进展。

镶嵌在腾格里沙漠的数百个原生态湖泊,养殖着各种各样的生物,拥有淡水和咸水各半的月亮湖,也充分利用含有硒、氧化铁等10余种矿物质微量元素以及独有的黑沙泥。利用光照丰富的沙漠集热发电。放眼望去,沙漠中生长的肉苁蓉、锁阳、苦豆籽、沙米等如同芝麻开花。沙漠中还覆盖有麻黄、油蒿、天然胡杨次生林如同绿色之洲。骑骆驼,坐吉普沙漠冲浪、野餐露营、观星赏月……人们利用沙漠的旅游资源,享受大自然的天然乐趣!沙漠的这道天然屏障,正像一首歌中唱道,"那是我最温暖的家"。

正像科学家所说,人类社会只有在思想上彻底清醒,才会在行动上坚定起来。

认识沙漠化

参 考 文 献

[1]Joseph PV Raipal DK, Deka SN. "Andhi" The convective dust storms of North-west India[J]. Mausam, 1980, 31:431–442

[2]冯绳武. 民勤绿洲的水系演变[J]. 地理学报, 1963(3): 241–249

[3]竺可桢. 中国近五千年来气候变迁的初步研究明[J]. 中国科学, 1973 (1): 168–189

[4]民勤治沙综合试验站. 甘肃沙漠与治理[M]. 兰州: 甘肃人民出版社, 1975

[5]黄子琛, 刘家琼, 鲁作民等. 民勤地区梭梭衰亡原因的初步研究[J]. 林业科学, 1983, 19(1):82–87

[6]张奎壁, 邹受益. 治抄原理与技术[M]. 北京: 中国林业出 版杜, 1990

[7]常兆丰, 刘虎俊, 纪永福. 河西走廊最近一次强沙尘暴的调查分析[J]. 中国沙漠, 1997,17(4):442–446

[8]常兆丰. 民勤沙区风害及防风固沙林的效益观测研究[J]. 干旱区资源与环境, 1997(3):53–57

[9]朱震达, 赵辨梁, 凌裕泉等. 治沙工程学[M]. 北京: 中国环境科学出版杜, 1998

[10]常兆丰, 仲生年, 韩福贵等. 黏土沙障及麦草沙障合理间距的调查研究[J]. 中国沙漠,2000,20(4): 455–457

[11] 杨晓晖, 张克斌, 赵云杰. 生物土壤结皮 — 荒漠地区研究的热点问题[J]. 生态学报, 2001, 21(3):474—480

[12]朱艳, 陈发虎, B.D.Madsen. 石羊河流域早全新世湖泊孢粉记录及其环境意义[J]. 科学通报,2001,46(19): 1596–1602

[13]常兆丰, 韩福贵, 仲生年等. 不同沙面地被物增温效应的初步研究[J]. 干

旱区资源与环境, 2001(2), 55-59

[14]常兆丰.民勤西沙窝生态气候变化特征[J].气象, 2000(1):48-50

[15]常兆丰, 刘虎俊.河西走廊50a治沙措施应用中出现的问题及未来思路[J].中国沙漠, 2001(4)增, 87-91

[16]常兆丰, 梁从虎, 韩福贵等.民勤沙区沙尘暴的分布特征及前期特征研究[J].干旱区资源与环境, 2002(2), 107-112

[17]王 涛.中国沙漠与沙漠化[M].河北科学技术出版社, 2003

[18]谢高地, 鲁春霞, 肖玉等.青藏高原高寒草地生态系统服务价值评估[J].山地学报, 2003, 21(1): 50-55

[19]常兆丰.我国防沙治沙科研的突破口初探——河西走廊沙区为例[J].干旱区研究, 2003,20(1), 76-80.

[20]夏训诚, 赵元杰, 王富葆等.红柳沙包的层状特征及其可能的年代学意义[J].科学通报, 2004, 49(14):1539-1540

[21]常兆丰.沙漠人工植被的生态学取向及其途径[J].生态学杂志, 2004,23(6), 167-170

[22]常兆丰, 赵 明, 仲生年等.石羊河下游沙漠化的自然因素和人为因素[J].中国沙漠, 2004,24(S), 65-69

[23]常兆丰, 赵 明, 韩福贵等.不同稳定性沙丘生境条件的观测研究[J].干旱区研究, 2004,21(4), 384-388

[24]常兆丰.沙漠人工植被的生态学取向及其途径[J].生态学杂志, 2004, 23(6): 167-170

[25]刘恕.对沙产业科学内涵的认识——纪念钱学森沙产业论述发表20周年[J].西安交通大学学报(社会科学版), 2005,25(1): 57-61

[26]常兆丰, 汪 杰, 王耀琳等.降水在沙丘中的运动特性研究—以甘肃民勤沙区为例[J].中国沙漠, 2005,25(3), 422-426

[27]常兆丰, 赵 明, 仲生年等.民勤沙区植被退化与年际降水量关系的定位研究[J].西北植物学报, 2005,25(7), 1295-1302

[28]常兆丰, 韩福贵, 仲生年等.石羊河下游沙漠化的自然因素和人为因素及其位移[J].干旱区地理, 2005, 28(2): 150-155

[29]常兆丰, 赵明, 韩福贵等.民勤沙区几种荒漠植物群落的现实生态位研究[J].西北植物学报, 2006,26(1), 165-173

[30]常兆丰,赵明.民勤荒漠生态研究[M].甘肃科技出版社,2006

[31]常兆丰,刘虎俊,赵明等.民勤荒漠植被的形成与演替过程及其发展趋势[J].干旱区资源与环境,2007,21(7),116-124

[32]常兆丰,李发江.民勤荒漠生态区划研究[J].干旱区地理,2007,30(5),753-758

[33]常兆丰,韩福贵,仲生年.生态系统健康评价方法在退化梭梭群落分析中的应用[J].生态学杂志,2008,27(8),1444-1449

[34]常兆丰,仲生年,韩福贵等.民勤沙区主要植物群落退化特征及退化演替趋势[J].干旱区研究,2008,25(3),382-388

[35]常兆丰.民勤人工绿洲的形成、演变及其可持续性探讨[J].干旱区研究,2008,25(1),1-9

[36]常兆丰,邱国玉,赵明等.民勤荒漠区植物物候对气候变暖的响应[J].生态学报,2009,29(10),5195-5206

[37]常兆丰,韩福贵,仲生年.民勤荒漠区18种乔木物候与气温变化的关系[J].植物生态学报,2009,(2),311-319

[38]常兆丰,韩福贵,仲生年.民勤荒漠区植物物候型特征及其与气温的关系[J].生态学杂志,2009,28(5),820-826

[39]常兆丰,赵明,韩福贵等.河西走廊沙尘暴分布的地理因素及前期气象特征[J].干旱区地理,2009,32(3),412-417

[40]常兆丰,安富博,樊宝丽.荒漠生态观测研究方法[M].甘肃科学技术出版社,2010,62-63

[41]Shujuan ZHU, Zhaofeng CHANG. Temperature and Precipitation Trends in Minqin Desert during the period of 1961-2007 [J]. Journal of Arid Land, 2011,3(3), 214-219

[42]常兆丰,韩福贵,仲生年.民勤荒漠区气候变化对全球变暖的响应[J].中国沙漠,2011,31(2),505-510

[43]常兆丰,赵明,韩福贵等.民勤沙区主要植物的物候特征[J].林业科学,2011,44(5),58-64

[44]Zhaofeng Chang, Shujuan Zhu, Fugui Han, et al. Differences responses of desert plants of different ecotypes to climate warming:a case study in Minqin, Northwest China[J]. Journal of Arid Land, 2012,4(2), 140-150

[45]常兆丰，韩福贵，仲生年.民勤荒漠植被对气候变化的响应[J].应用生态学报，2012,23(5)，1210-1218

[46]常兆丰，樊宝丽，王强强.我国防沙治沙的现状、问题与出路[J].西北林学院学报，2012,27(4):93-99

[47]常兆丰，韩福贵，仲生年.沙尘暴发生日数与空气湿度和植物物候的关系——以民勤荒漠区为例[J].生态学报，2012,32(5)，1378-1386

[48]常兆丰，韩福贵，仲生年.民勤荒漠植被对气候变化的响应[J].应用生态学报，2012，23(5)：1210-1218

[49]常兆丰，张剑挥，唐进年等.河西绿洲边缘积沙带与环境因子的关系[J].生态学杂志，2012,31(6)，1548-1555

[50]常兆丰，陈秉谱，乔娟等.一种生态功能价值的等值换算方法[J].生态经济，2014,30(7)：14-18

[51]常兆丰，段小峰，韩福贵等.民勤荒漠区主要植物群落的稳定性及生态效应[J].西北植物学报，2014，34(12)：2562-2568

[52]常兆丰，张剑挥，王强强等.河西绿洲边缘积沙带形成的典型相关因子[J].生态学报，2014,34(20)：5823-5831

[53]常兆丰，张剑挥，王强强等.河西绿洲边缘积沙带的稳定性及其生态效应[J].生态学杂志，2014，33(2)：433-439

[54]常兆丰，王强强，张剑挥等.河西绿洲边缘积沙带及其生态意义[J].生态学报，2015,29(8)

[55]常兆丰，王强强，张剑挥等.新月形沙丘维持相对稳定的两种过程[J].中国沙漠，2016

[56]常兆丰，朱淑娟，张剑挥等.新月形沙丘顶点与沙脊线重合与分离的两种过程[J].干旱区研究，2015

[57]刘世增，常兆丰，朱淑娟等.沙漠戈壁光伏电厂的生态学意义[J].生态经济，2016